饌
工

疯狂的物理世界

有趣的现象和原理

〔德〕乌尔里希·沃尔特 著

李 洁 许冰莎 译

SPM
南方传媒 广东人民出版社
·广州·

图书在版编目（CIP）数据

疯狂的物理世界 /（德）乌尔里希·沃尔特著；李洁，许冰莎译. —广州：广东人民出版社，2024.6

ISBN 978-7-218-17368-9

Ⅰ. ①疯⋯ Ⅱ. ①乌⋯ ②李⋯ ③许⋯ Ⅲ. ①自然科学—普及读物 Ⅳ. ①N49

中国国家版本馆CIP数据核字（2024）第039206号

版权登记号 19-2023-346

First published in German Language under the title: Die verrückte Welt der Physic - Austronaut Ulrich Walter erklärt die Raumfahrt by Ulrich Walter ISBN 978-3-8312-0450-2 ,

©2022 by Komplett Media Verlag GbmH, Munich. Germany. All rights reserved. www.komplett-media.de

Die verrückte Welt der Physic - Austronaut Ulrich Walter erklärt die Raumfahrt 2022 by Ulrich Walter, ISBN 978-3-8312-0601-8

Translated into Simplified Chinese Language through mediation of Maria Pinto-Peuckmann, Literary Agency, World Copyright Promotion, Kaufering, Germany.

本书中文简体版专有版权经由中华版权代理有限公司授予北京创美时代国际文化传播有限公司。

FENGKUANG DE WULI SHIJIE

疯狂的物理世界

[德] 乌尔里希·沃尔特 著 李 洁 许冰莎 译   版权所有 翻印必究

出 版 人：肖风华

责任编辑：吴福顺
助理编辑：于晨洋
责任技编：吴彦斌 马 健

出版发行：广东人民出版社
地 址：广州市越秀区大沙头四马路10号（邮政编码：510199）
电 话：（020）85716809（总编室）
传 真：（020）83289585
网 址：http://www.gdpph.com
印 刷：天津丰富彩艺印刷有限公司
开 本：787毫米×1092毫米 1/32
印 张：9.25 字 数：154千
版 次：2024年6月第1版
印 次：2024年6月第1次印刷
定 价：45.00元

如发现印装质量问题，影响阅读，请与出版社（020-85716849）联系调换。
售书热线：（010）59799930-601

目录
contents

我们的世界——简直太疯狂了！

"我们对理解的企盼是永恒的。"

我们认同阿尔伯特·爱因斯坦（1879—1955）说的这句话，也相信，只要人类不停探索，终将知晓一切。不过由于一些原因，这恐怕永远无法实现。

早在 1931 年，奥地利数学家库尔特·哥德尔（Kurt Gödel，1906—1978）就依据他提出的不完备性定理得出：人类将永远无法彻底认识世界。哥德尔认为，现代科学仍有一些"既不能被证明也不能证伪"的存在。因此，我们可能永远无法找出自然界中的某些简单、棘手问题的真正答案。我将在本书最后一节"科学的边界"中论述其中的一个问题。

人类的理解力是基于历史经验的积累。我们可以直观地理解，为什么用锤子可以击碎一块玻璃——因为锤子又硬又沉，而玻璃易碎——这种情况在生活中屡见不鲜。可是为什么将一个同等重量的橡皮球以相同的力量砸向玻璃，玻璃却不会碎？太简单了：因为橡皮球相较于玻璃要柔软得多。

　　但是，为什么软硬度会造成如此明显的差别？从科学的角度回答：因为 $F = m \cdot \Delta v / \Delta t$，即牛顿第二定律。$\Delta v$ 表示撞击前后物体速度的变化，Δt 表示撞击时间，F 表示冲力。然而并非人人都是科学家，也就意味着并非人人都能完全理解这个公式。我写此书的目的就是想用通俗易懂的解释帮助读者了解诸如此类的物理现象。我对上述现象的解释是，当一个物体因撞击玻璃而减速时，其速度 v 发生了急剧变化。这便导致撞击方向在极短时间内由前向运动变成了后向运动。数学上用 Δv 来表示撞击前后物体速度的变化。"硬"意味着速度变化发生在很短的时间内，通常在几微秒（$\Delta t \approx 1/100000$ 秒）内。而柔软的橡皮球在撞击玻璃时会被压缩，其速度变化需持续更长的时间，因此"仅"在几毫秒（$\Delta t \approx 1/100$ 秒）后方才反弹。由此牛顿第二定律指出，回弹时间越短，在其他相同的回弹事件中所产生的力 F 就越大。

　　由此可见，相比于柔软的物体，坚硬的物体能产生更大的冲力。如果在玻璃撞击点上的冲力超过了其原子间的结合力，那么玻璃就会碎裂。同理，水杯落在石砖上会碎，而落到垫子上则完好无损。

接下来进一步理解：牛顿第二定律为什么成立？原因是一切物体都具有惯性。那么何为惯性？惯性的由来又是什么？其实这是通过希格斯场实现的（参阅本书"神圣的'希格斯粒子'"一章）。什么是希格斯场①？时至今日，没有人知道。显然，随着理解的不断深入，阐释亦变得愈加复杂，直至无法就此作出新的阐释。此时只能依托经实验证实的数学公式进行解释，但对于大部分人来说理解起来就更困难了。

如今已知道，两个光子无论距离远近都会相互纠缠。比如两颗遥远的恒星，就是一对纠缠粒子。因此，一个光子的变化会瞬间影响另一个光子（没有任何时间延迟！）。这有悖于我们的直觉经验，正因如此，我们不能轻易理解，且永远无法真正理解。但借助量子力学，我们便可解释这种奇怪的纠缠，并在实验中加以证实。尽管爱因斯坦也曾嘲弄它为"幽灵般的超距作用"，并且至死都不相信。但今天我们方知，我们的世界的确是如此运作的。这真的很疯狂！

———————————

① 希格斯场：以物理学家彼得·希格斯命名的一种假设的遍布宇宙的量子场，它与所有基本粒子相互作用，而使它们获得质量。——编者注

所以科学就像巴别塔。人类企图往科学巴别塔上不断添砖加瓦，以此逐渐接近上方宇宙世界的永恒真理。但其实我们永远无法到达终点。

在建塔时，聘请专家是尤为重要的，否则没准儿什么时候塔就塌了。总有一些自作聪明的人认为他们可以用简单的道理来解释复杂的事情，比如通过恰当、正确的类比使这种解释行得通。尽管大多数类比在直觉上看似正确，也正因如此人们常常依赖直觉，其结果却常常事与愿违。

因此，在这个复杂的世界里，一个晦涩难懂但至少有逻辑的解释，可能远比任何简单直白的解释更接近事实。甚至可以说：任何对这个复杂世界的简单解释都不可能正确。例如，人们对于世界是如何在七天内诞生这一问题作出了通俗易懂的解释，但对于一些诸如宇宙大爆炸和通货膨胀等现象作出了复杂难懂的科学解释，而后者无疑更接近事实真相。这一经验在美国著名评论家亨利·路易斯·门肯（1880—1956）的箴言中也得以印证："任何一个复杂的问题都有一个简单的、令人信服的错误答案。"

与"无法理解"共存

在本书中，无论我把这些疯狂的物理学现象解释得多么准确，总有一个上限。首先是那些永远无法理解的问题，其次是那些让科学家都绞尽脑汁的终极问题。虽然这两种问题都是个例，但它们始终存在。我们都必须学会接受这种"无法理解"并与之共存。

我的编辑读完整本书后说，书中多处解释仍晦涩难懂。她当然是对的。这本书试图将复杂的物理学简化，让读者至少能理解其中的一小部分，并跟所有尚未完全理解的物理学家们一样，怀着有限的认知向庞大的物理学宇宙致敬。

阅读本书需具备一定的中学物理知识，超出认知范围且拓展性的物理学知识可查阅脚注中列出的文章。书中未阐明的术语可上网查阅。

科学的魅力

"我们生存在一个奇妙无比的宇宙中，但并不知道
我们的存在对于宇宙是否真的有意义。"

弗雷德·霍伊尔（Fred Hoyle，1915—2001）

英国天文学家

我们已不再做梦

"我有一个梦想……"

1963 年，马丁·路德·金（1929—1968）以这句话开启了他在华盛顿的著名演讲，为非裔美国人争取更多民权。

我们都有梦想。梦想和猎奇是人类发展的原动力。当斯波克①先生被问及为何人类要以身犯险上太空时，他回答得很直白："没什么，纯粹只是好奇。"

20 世纪六七十年代是一个满载梦想和猎奇的时代。彼时，人类社会经历了翻天覆地的变化。那时，我们所做的事情完全有别于以往：玩摇滚、留长发、混迹于公社。曾经的我们也让父母操碎了心。"我们有梦想，未来掌握在我们自己手中"，不仅年轻人这么想，整个社会逐渐都被这种氛围感染，希望通过简单而特立独行的方式去实现更

---

① 斯波克：《星际旅行》电视剧的主角之一。——编者注

多的梦想。

当年，奔向月球，遨游太空是全人类的大事件。此外，作为生活乐趣象征的汽车、电话、卫星电视以及心脏移植手术、视频会议和电话会议等也屡见不鲜。世界联系日益加强，人类文明不断交融。那时，整个社会洋溢着奋发向上的氛围，即以公平和技术进步助力更加美好的未来。那个江河激荡的岁月一直持续到80年代中期。

此后，我们变得对未来愈发感到焦虑。我大胆解释一下：这是因为我们已经老了，对生活有些厌倦了。"保护既得利益"（如此呆板的单词，只会出现在德语中）已深入人心。上帝保佑，请保持原样，千万不要变！人们不再梦想更好的未来，而是盛赞过去的丰功伟绩，并对其高度认同。德国是巴赫、啤酒和贝多芬的故乡，在这片大地上，博物馆如雨后春笋般涌现。自20世纪80年代以来，德国的博物馆数量已经翻了一番，共计约6000所。这种以古希腊价值观为基础的善意的人文主义，让我们沉浸于过往，而忘记了前行。

德国航天学之父赫尔曼·奥伯特（Hermann Oberth，1894—1989）曾说："我所接受的人文教育让我想起一个汽车司机，他前方灯光很暗，但汽车尾灯却把身后的路照得亮如白昼。"物理和生物课被拉丁文课替代（技术和手工课反正是一直没有开设，毕竟自古希腊时代以来它们早被人文主义取代）。拉丁语！今天谁还在讲拉丁语？

我们，尤其是我们的年轻一代，应该把目光投向未来，因为人生还很漫长。生物化学家、罗马俱乐部成员弗雷德里克·维斯特（Frederic Vester，1925—2003）亦说："只有面向未来才能解决今天的问题，而不是回忆昨天。"

要让世界变得更加美好，其核心是要掌握科学技术——这是亘古不变的道理。现代社会的繁荣得益于科技进步。倘若没有移动电话、飞机、电视卫星、汽车等这些你能想到的事物，我们的生活会是什么样子？要想获得更加美好的未来，我们则需再次通过不同的方式创造更好的条件，超越当下。

"只有聪明地打破规则，才可能取得进步。"（博莱斯劳·巴洛格）但在这个被规则禁锢的社会，谁会允许自己聪明地（这是关键）打破规则？尤其是德国人！每当他们周日晚上穿过一条空荡荡的街道时，总是停车等待，直至几分钟后交通灯变绿——其他国家的人都会对此报之一笑。

这本书旨在唤醒你的探索欲，重获看透事物本质时的喜悦，以实干成就未来。

　　我尽可能地用简单明了的方法阐述，但并非极简。爱因斯坦曾幽默地说："科学理论应该尽可能简单，但不能过于简单。"

　　如果想更好地理解，就必须保持好奇并怀有梦想，这才是人类文明进步的内驱力。让我们怀着好奇心，再次做梦吧！

"如果我看得比别人更远些，那是因为我站在了
巨人的肩膀上。"

艾萨克·牛顿（1643—1727）

英国物理学家、天文学家和数学家

"知识半衰期"神话

我们的社会中充斥着关于知识半衰期的神话。今天认为是对的事物，明天可能就是错的。知识越是丰富，就越快失去其适用性。

与其说是科学家，不如说是人文学家们提出了知识的衰退。

2001 年 8 月出版的《时代》周刊艺术专栏写道："鉴于知识半衰期①在日新月异的世界中迅速缩短，（每一个'哲学理论'的宏伟设计都有必要将明天的命运作为昨天的知识潮流纳入自身理论设计中，但这根本不可能实现。"）

按照他们的说法，时髦的流行语在尚未证实其含义和意义的情况下便被扔进绞肉机，加工成令人垂涎的香肠，然后涂满知识番茄酱被喂到我们口中。世界正在快速变化，知识

---

① 知识半衰期：随着科技的迅猛发展，经过一段时间后，人们掌握的知识其价值会逐渐衰减，这个时间即为知识半衰期。——编者注

凭什么就是例外呢？这听起来合乎逻辑，但是，确实如此吗？

　　这完全是胡扯！科学知识不会衰减，也不会每隔几年就被淘汰。虽然知识偶尔也会有错误，但在某种意义上，它们是永恒的真理，是对这个世界的基本认知。无论相对论如何发展，着眼当下还是未来，牛顿万有引力定律都是不变的真理。几个世纪以来，化学元素周期表也丝毫没有失去有效性。毕达哥拉斯（公元前570—前510年）和柏拉图（公元前427—前347年）之后，人们一直认为数学证明是对形而上学的永恒真理的反映。

　　诚然，科学知识的数量每五到十年就会翻一番，但新知识并不是对旧知识的质疑，而是将其扩展到以往未曾触及的边界领域，从而产生更高深的科学理论，旧理论也被囊括其中。所以说牛顿万有引力定律是包含在广义相对论中的，是一种经典的极限情况，但时下我们已知，一定存在一个超越广义相对论的量子引力理论，并反过来将宏观世界的极限情况包括在内。只有这样，我们才能理解为什么在微观世界中会有超光速（量子隧道效应[①]），而这在狭

————————

① 也称"量子隧穿效应"，指的是像电子等微观粒子能够穿入或穿越高度大于粒子总能量的位势垒的粒子行为。——编者注

义相对论中直接被排除。

由此可知，旧知识是坚实的地基，在此基础上才能建立更广泛的现代理论。科学知识的标志并非糟粕，而是永恒真理，也正是基于此，它可以从非科学知识的洪流中脱颖而出。从这个意义上说，科学进步是人类的第一级文化成就。

然而，科学知识的真理性并非一开始就被广泛认可。直到科学家、哲学家卡尔·波普尔（Karl Popper，1902—1994）让我们知道何为好的科学理论，即它对世界做出了可证伪的陈述，且经得起任何实验验证。"可证伪"是指科学理论的可验证性，且不受任何教条的限制——许多所谓的理论都经不起验伪。可惜的是，这听起来是理所当然的，但在过去却常常被忽视。柏拉图和亚里士多德（公元前384—前322年）的古代学说一直延续到现代，他们所主张的一切都被当成不可侵犯的经典知识。不幸的是，这导致产生了许多认知垃圾（从目前角度来看，也只能这么说了），其影响力一直持续到19世纪，有些甚至持续到今天。由此可以说，伽利略是第一个用实验来验证新理论思想并大获成功的优秀科学家。

但是，"知识半衰期"神话其实是符合发展均势的：

昨天的知识已陈旧过时，因为今天我们对它有了更好的认知。那么明天呢？依此逻辑进一步展开，今天那些自以为无所不知的人所拥有的知识已经落伍，而全新的知识将会再次适用。《奇迹世界》（*Welt der Wunder*）杂志上刊登了这样一个例子："阿尔伯特·爱因斯坦可能会对'企业号'航母的船员们说：'伙计们，别异想天开了！'根据他的狭义相对论，超光速是不可能存在的，而现代科学研究认为超光速其实是真实存在的。通过宇宙中的漏洞——虫洞[①]，可快速抵达极为遥远的地方。曲速驱动是利用间接迂回[②]的方式实现的。"

从逻辑上讲，这种指责认为："现代科学对虫洞有一定的了解。这些虫洞是宇宙中的漏洞，使超光速成为可能。这与爱因斯坦的狭义相对论相悖。所以，爱因斯坦，好走不送！"

哪儿错了呢？嗯，虫洞是爱因斯坦广义相对论中预言的一种时空弯曲现象。而之所以认为不可能有超光速，是

---

① 虫洞：宇宙中可能存在的连接两个不同时空的狭窄隧道。——编者注
② 曲速驱动通过扭曲空间的方式实现超光速运动，因此作者认为，相较于虫洞，曲速驱动是迂回的方式。——编者注

源于爱因斯坦的狭义相对论和不违反宇宙中的因果律（霍金的时序保护猜想）：先有因，后有果，反之则不然。 这两种说法并不互相矛盾。因此，问题不在于爱因斯坦的相对论本身，而在于媒体将它们错误地混为一谈。错误的说法是："虫洞是可以实现超光速的通道。"

但其实虫洞是做不到的。因为虫洞虽然是宇宙空间弯曲的产物，但速度并不是特别快。虫洞（可能真的存在，只不过至今尚未发现）是穿越太空的捷径（关于虫洞可参阅作者的另一本书《黑洞中的魔鬼》中"简说虫洞"一节）。类比来看：如果我开车前往意大利，与其走那条似乎看不到尽头的道路，并穿越圣哥达山口，我宁愿走隧道，从身后的同一地点以同样的速度走出来。为什么会更快？因为速度虽然一样但是我只需走较短的距离。

狭义相对论还认为，无论去往何方，速度都不可能超过光速。这正是问题的关键：虫洞只是穿越空间的捷径，它并不能实现超光速。顺便说一下，狭义相对论并未提到光速究竟有多快。仅量子理论指出由量子涨落产生的虚粒子决定着光速的大小（太复杂了？请参阅作者《黑洞中的魔鬼》一书中"什么是暗能量？"一节）。不难想象，宇宙中虚粒子①的密度会发生局部变化，这将改变不同地方的光速。这里的光速为30万千米／秒，其他地方就是10万千米／秒，更远的地方甚至可达100万千米／秒。如果有人证实了这一观点，那么很有可能会因此获得诺贝尔奖。爱因斯坦只是说，没有任何一个物体的速度能够超过这种局部光速。如果有人能推出一个量子引力理论，并据此计算出这种局部光速的大小，那么可能也会获得诺贝尔奖。

可以看到，新的理论（如果真的是真理）并非要去推翻已被证实的理论，而是对其进行补充。过去是这样，将来也是这样。因此，科学（如果我们能够严谨对待）成了我的一生所爱：科学经得起推敲。

---

① 虚粒子：量子力学中，一种不能直接检测到，但其存在确实是有可测量效应的粒子，用来描述承载力的粒子，包括引力子（承载张力）、胶子（承载强力）、光子（承载电磁力）、玻色子（承载弱力）。——编者注

"万物皆由四个元素组成。"

托马斯·阿奎那（Tonmaso d'Aquinas，1225—1274）

意大利最具影响力的经院哲学家之一

"只有无知，才会相信。"

布鲁诺·乔纳斯（Bruno Jonas，1952—　）

德国歌舞表演艺术家、作家

月球上的一支铅笔——落还是不落?

如果在月球上扔掉手中的铅笔，会怎样呢？它会掉到地上，还是悬在半空，抑或是会飞走呢？

回答这个问题对一部分人来说简直就是小菜一碟，但对另一部分人来说却难出天际。这个问题确实值得思考，毕竟来自西方国家的伙伴们（美国人和欧洲人）都不知道该问题的正确答案。当我第一次看到这个问题时，简直不敢相信自己的眼睛。但与此同时我也知道，重力问题确实不太好理解。那么我在这里援引一个与此相关据说是真实发生的故事[1]。

---

[1] http://www.phys.ufl.edu/~det/phy2060/heavyboots.html.

阿波罗号宇航员为何穿上沉重的月球靴？

一位科学家参加了美国顶尖科学工程类大学——威斯康星大学麦迪逊分校的一节哲学练习课。这节课的导师试图向大家解释：事情并不总是我们想象的那样。他举例说，在地球上，如果松开手上的铅笔，它会掉到地上，而在月球上，铅笔会飞出去。

科学家惊掉了下巴，他的朋友马克和另一个学生疑惑地相互看了看。房间里的其他17人不解地看着这3人："你们有什么问题吗？"于是这位科学家抗议道："月球上的铅笔也会掉到地上，只是比地球上慢一点！""不，可不是这样的，月亮距离地球太远了。"导师平静地解释道。科学家挠了挠头接着说道："你也看到了阿波罗号宇航员在月球上行走不是吗？！那他们为什么没有飘起来？""因为他们穿着沉重的靴子。"导师回答道，他说的仿佛是绝对正确的，找不出什么错误。

世界是我们印象里的世界

这位哲学课导师一定在他的学生时代上过许多逻辑学课程。对许多人来说，在中学或大学里习得的逻辑似乎是纯学术性的。可多数人却由此形成了自己幼稚的世界观。譬如，很大一部分人认为"看"是一种主观行为——光线由眼睛发出，投射到物体上，然后反射回我们的眼睛里。

这种说法纯属无稽之谈，否则的话我们在黑暗中也完全能看得见了。我们常说，"我的目光落在这座美丽的雕像上"，或者"我有一种被监视的感觉"，实际上，情况恰恰相反。我们对世界的看法体现在这些语言中，几千年来，人们通过这些语言无意识地将自己的世界观传递给后代。

自古希腊以来，直观的解释决定了我们对世界的看法，例如，地球和人类是宇宙的中心（普罗泰戈拉："人是万物的尺度！"）。20 世纪初，英国哲学家、数学家伯特兰·罗素（1872—1970）在《西方哲学史》一书中写道："以亚里士多德为首的许多古希腊人相信，他们可以由此建立一个普遍物理理论。"因此，亚里士多德的核心观点是，地球即宇宙中心。

荷兰科学史家爱德华·扬·戴克斯特霍伊斯（E.J.

Dijksterhuis, 1892—1965)在其著作《世界图景的机械化》中写道:"亚里士多德和许多古希腊思想家一样,低估了自然科学研究的难度。同时他们也都无一例外地高估了自然科学中模式化的机械性思维的力量。也许是受到新兴数学理论取得的巨大成就的刺激,古希腊人自然科学理论在发展伊始就陷入了非理性思考。在《蒂迈欧篇》中,年迈的古埃及牧师对索伦说,古希腊人总是像孩子一样天真,这并非没有道理。"

这是许多人对月球上的铅笔的看法……

甚至我们这代人亦无法摆脱古希腊人这种幼稚、孩子般的思维。西方自然哲学一直流传至今,并且部分内容仍具有科学性,例如古希腊哲学家伊壁鸠鲁(公元前341—前270年)认为:世界由土、水、气、火四种元素组成。仅仅因为我们看到地球在脚下(事实上,相对于宇宙来说地球是漂浮的),水在地面,气是悬浮的,火是上升的,所以它们便成为重物质的代表。但这并不意味着其他万物皆由这四种元素组成。而且,火其实不能成为元素,因为它只是烟尘颗粒燃烧时产生的光,并没有具体的物质。这种幼稚的思维诱使亚里士多德向我们传递了错误的世界观。从这个意义上说，本章的第一句引文就好理解了。

如果一切事物最终都落到地球，而月球和地球相距甚远，那么铅笔当然不会落在月球上。这个逻辑很简单。至于为什么有人认为铅笔会飘走，他们认为："太空中没有重力。把东西带去月球的话，它就会慢慢飘走。"或者是："月球的引力比地球小得多，因此像铅笔一样轻的物体就会飘走。"还有一种说法是："月球上的引力太小，况且月球是真空的，其引力可以忽略不计。这就是铅笔飞走的原因。"

我们也不能责怪这些人，毕竟中学甚至大学老师都不一定能真正了解这些科学理论。这就是我们社会的症结所在。

……事实是这样的

宇航员的铅笔在月球上到底会怎么样？决定性因素是：两个物体距离越远，彼此间的引力则越弱，即引力与距离的平方成反比。

重力大小并不取决于介质是固体、气体还是真空。由此，我们可将问题简化，假设物体仅在重心作用下相互吸引（姑且先这样假设，极端情况除外），那么我（重心在肚脐周围）与地心（地球的重心）相互吸引靠近，而这一过程受到地面阻挡，所以，我能够牢牢地站在地面上。

月球上亦是如此。月球的质量会吸引宇航员。但由于月球的质量只有地球的 1/81，地球的半径是月球的 3.67 倍，所以月球的引力只有地球的 $1/81 \times 3.67^2 \approx 1/6$。在月球上，你当然也会受地球引力作用，但此时地球引力只是九牛一毛，即只有（地球半径 / 地月距离）$^2 \approx$（6378/380000）$^2 \approx$ 1/3550，这就是与月球自身引力相比，在月球上地球的引力可以忽略不计。即便是一片羽毛，月球自身引力也是月球上地球引力的 3550/6 ≈ 591 倍，这就是为什么它会落到月球表面并且不会像锤子一样飘向地球或其他任何地方的原因，正如宇航员大卫·斯科特在月球上做实验所呈现的那样 [1]。

---

[1]　https://www.youtube.com/watch?v=-4_rceVPVSY.

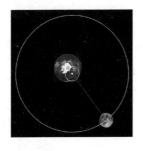

地球和月球围绕着同一
重心 S 旋转。（图片来源：
Walter Senzenberger）

在此补充一句：地球和月球相互吸引，但地球的质量
是月球的 81 倍，因此月球会在一个较大的圆形轨道上运行
（图中围绕点"S"的大圆轨道），而地球则在一个较小的
圆形轨道上围绕同一个重心运行（图中围绕点"S"的小圆
轨道）。

"只有世界足够大，才能领悟整个世界。"

陶·诺瑞钱德（Tor Nørretranders，1955—　）

丹麦科普作家

胖子和瘦子——谁下落得更快?

体重相差很大的两人同时从跳板跳下,谁先落水?

　　2007 年,约翰内斯·B. 科纳尔(Johannes B. Kerner)推出一档益智问答节目——《德国到底有多聪明?》,节目围绕日常谜题和扣人心弦的实验展开,名人和观众都可以一起参与互动。实验通常与自然科学有关,但也不限于此。在 2007 年春季首播时,来自慕尼黑的制作公司——混合视觉打算在节目上做以下实验:一个体重 120 千克的胖男孩和一个体重 50 千克的瘦女孩同时从 5 米高的塔台上跳下来,谁先落水呢?主编们的意见出现分歧,他们便于同年 2 月给我写了一封电子邮件,期望我提供正确答案。

真空中所有物体的下落速度相同

诚然，如果问题十分棘手或者不想花很长时间四处查阅资料，人们通常会求助于物理学家、宇航员或者教授，毕竟他们肯定知道答案。其实，这个问题对于主编们甚至是中学生来说都不难回答，倘若不计空气阻力，那么两者必定会同时落水。此外，阿波罗 15 号宇航员大卫·斯科特有一个著名实验视频，他在月球上同时丢下一把锤子和一根猎鹰羽毛，结果是两者同时落到月球表面。但是，如果增加空气阻力干扰呢？我在此援引主编的猜想："女孩（瘦子）比男孩（胖子）下落得更快，因为女孩的重量与空气阻力的比值更优。"一定有人试图给出一个有说服力的解释，但是切记只有经过深思熟虑才能得出正确答案。

惯性是重力的补偿

当跳水运动员跳水时，会有哪些力作用在他身上呢？首先无疑是重力 $F=mg$，m 表示跳水运动员的质量，$g=9.8m/s^2$ 是重力加速度，它被惯性力 $F=ma$ 抵消，其中 a 是跳水运动员的加速度。惯性力和重力的作用方向相反，因此可以得

到 $mg=ma$。质量相抵，得到 $a=g$。加速度和时间 t 与运动员
的重量无关，这是因为体重更大，惯性力亦更大，依旧两
两相抵。同理，汽车（质量大，惯性大）比自行车（质量
小，惯性小）更难推动。

空气阻力有什么作用？

首先，空气阻力并不取决于运动员体重，而是取决于
运动员身体表面的空气摩擦力。空气摩擦与身体形状和表
面构造有关，这便是阻力系数。无论皮肤薄厚还是粗细，
人体表面构造基本相同，因此系数值也近似，约等于1。
空气阻力还与速度 v、空气密度和身体的横截面积呈二次
方关系。只有后者会随体重发生变化，因为它与体表面积
成正比。倘若身体比例相同，体表面积是体长的二次方，
体积和重量是体长的三次方，因此体表面积和横截面积是
质量的 2/3 次方，即 $m^{2/3}$。这是一个重要的初步结果。

胖子打败瘦子……

如果现在将三种力（重力、惯性力、空气阻力）合并成一个综合算式，即 $ma = mg - kv^2m^{2/3}$。第三项是阻力，其中 k 是一个常数，它与体表面积有关，但与皮肤厚薄无关。减号表示力使加速度 a 减小。如果将等式两边同时除以质量以获得加速度，得到 $a = g - kv^2/m^{1/3}$。空气阻力与 $m^{2/3}$ 有关，因此阻力对加速度的影响（通过对该等式进行合并可最终确定下落时间）会随着体重增加而减少 $1/m^{1/3}$。这就意味着，如果身体比例和下落方向都相同，那么空气阻力对重物加速度的降低程度比对轻物要小得多。这也证实了在物体重量差异巨大的极端情况下的经验，例如锤子和羽毛，锤子比羽毛落得更快。从物理学的角度讲，这是因为重力随着 m 的增加而增加，但物体的横截面以及空气阻力只增加 $m^{2/3}$。因此，随着重量的增加，重力比空气阻力增加得更多，这就解释得通了。同理，如果两者同时增重，那么胖子和瘦子也会用同样的速度下落。

……差之毫厘

由此可知，胖子比瘦子要早落水，所以混合视觉的主编们的猜测是错的。问题是，要快多久呢？或者换一种说法：落水时的两人下落距离差是多少？这是可以计算的（作者已算出，在此不做赘述，详见后文）。结果是：在5米的跳跃高度和给定的胖子和瘦子的重量下，在落水前胖子仅比瘦子领先4毫米的距离。可以肯定的是，如此微小的差异尚无法测量，毕竟前提是两人必须完全在同一时刻且绝对水平地跳下。此外，倘若其中一人在下降过程中稍微扭动或在落水瞬间稍微伸展脚趾，结果就会谬以千里。这就是我建议主编们不要做这个实验的原因。

下落距离差计算方式

如果身体不受阻碍地一直往下落，那么 $a=g$，通过求积分可得出 $v=gt$。把该结果带入 $a=g-kv^2/m^{1/3}$（可采用这种取近似值方法，因为 $kv^2/m^{1/3}\langle g$），并进行两次积分。由此可算出下落距离 $r=\frac{1}{2}gt^2-\frac{1}{12}kg^2t^4/m^{1/3}$。由于在额定时间

T 之后，已经下落 $h=\dfrac{1}{2}gt^2$ 的跳水高度，便可将减少的下落

距离作为跳跃高度的函数 $r=h-\dfrac{1}{3}kh^2/m^{1/3}$。由此可得出较大

质量 M 和较小质量 m 之间的距离差 $\Delta r=\dfrac{1}{3}kh^2(1/m^{1/3}-1/M^{1/3})$。

如果依据上面给出的所有数值，并且 $k\approx0.0065\,(kg^{1/3}/m)$，就可得到 $\Delta r=3.7$ 毫米。但这只是一个近似值，因为在不同身体方向上的阻力系数 k，并不能完全确定。

"勇踏前人未至之境。"

引自《星际迷航》

飞往地球中心

试想一下，如果挖出一条通往地心的隧道，然后你跳进去，以自由落体的方式到达地心需要多长时间？

当我第一次从父亲那里听到这个问题时，我大概 10 岁。从那时起，这个问题一直萦绕在我心头，并陪伴了我一生。一个通往地心的洞！它如此巨大，不过完全可以想象，并且在原则上是可行的。

地球表面到地心到底有多远呢？我父亲知道答案：6400 千米（严格来说，地球赤道的半径是 6378 千米。地球因自转而变得扁平，所以两极的半径仅为 6357 千米。不过这些细节问题可以忽略不计）。我真正关心的是，以自由落体的方式到达地心究竟需要多久？我父亲当时无法回答我。只有一件事是肯定的，那就是 6400 千米一定非常远。如果我们当时开着那辆崭新的深蓝色甲壳虫，在高速公路上以 100 千米／小时的速度不间断连续行驶 6400 千米，那么要花 64 小时，近乎三天三夜。我至今犹记得当时的感受：对偌大的地球充满了敬畏。

如果是自由落体，那么速度一直在加快！到底有多快？比 100 千米／小时还快吗？答案是肯定的，因为随着自由落体时间不断变长，理论上可达到任何速度，不是吗？以我当时的知识储备和能力，我也只能知道这么多了。

当我们在高中学习自由落体时，情况确实如此。我们的物理老师赫伯特·汉高（Herbert Henkel），绰号欧拉（Euler）（同伟大的数学家欧拉一样），因为他真的非常擅长数学。学生们都喜欢他，他很幽默，上课也十分诙谐。自由落体是怎么一回事呢？即使对不太聪明的人来说也并不难回答。那么在既定时间内以自由落体的方式可以到达多远的距离？首先，如果以恒定速度 v 下落，则行进距离 s 随时间呈线性增加，即 $s=v \cdot t$。但在自由落体过程中，速度不断增加，自由落体的重力加速度是恒定的，即 $g_0=9.8 \mathrm{m/s}^2$，也称为 $1g$。这意味着我的速度是线性增长的：$v=g_0 t$。如果以恒定的加速度从完全静止到行驶一定距离，那么经过一定时间 t 后，平均速度为 $v_{平均}=\frac{1}{2} 2 g_0 t$，行

驶距离为 $s=v_{平均}\cdot t=\frac{1}{2}g_0t^2$。于是，我终于有了答案。如果 s=6400km，则行驶时间 $t=\sqrt{2\times6400km/9.8m/s^2}$ =1143s 即 19分3秒到达地心[①]，其速度可达 $v=gt$=9.8m/s²×1143s= 11.2km/s，也就是 40320 千米/小时！真是太不可思议了！

来自地球另一端的问候

倘若我以这样的速度进入地心，我一定就不复存在了。不过如果将隧道一直打通到地球另一端就可解决这一问题。我去往地心的过程会不断加速，当我抵达地心后，由于重力的原因，我会以同样数值的加速度做匀减速运动，所以再过19分零3秒，我会正好从地球的另一端出来并停下来。那个地方几乎正好是位于南太平洋的安蒂波德斯群岛（Insel Antipode），即新西兰东南部。

它的名字并非巧合，因为"anti-podes"来自希腊语，意思是脚与脚相对。早在古希腊时期，人们就知道地球是圆的。如果有人住在地球的另一端，那么从我们的角度来

---

① 本书中的公式，表示相乘的符号，数字之间相乘用"×"表示，例如 2×10^{10}，未知数之间或未知数与数字之间相乘用"·"。

看他们的脚是对向我们——他们会倒立！这在当时是无法想象的，因此在古希腊没有人相信会有人出现在地球另一端。不管怎样，只要我没事，就一定会从那里再穿回地心，然后途经地心最终回到我一开始出发的起点。这样往返一次需耗时 4 次 1143 秒，即约 1 小时零 15 分。

牛顿定律的帮助

然而，当时我就清楚，这不可能是一个确切的答案。因为当我接近地心时，重力及加速度都会发生变化，但它们究竟是如何变化的呢？在我的物理学习中，我得知牛顿彼时已经研究过这个问题，且得出的结论是，随着到地心的距离 r 的缩小而线性减小。这说得通，因为在地球中心，所有的质量都对称地分布在我周围，我应该感觉不到任何引力。

倘若是自由落体又会如何呢？好吧，上述简易计算方法将不再适用。然后会出现与弹簧摆动类似的情况，弹簧的复原力会随偏离度的增大而线性增加。换言之，我的身体将在自由落体中像一个协调的钟摆一样呈正弦形来回摆动，一次完整的摆动会持续 5070 秒。从地球表面到地心的时间仅占这一时长的 1/4，即 21 分 7 秒。这一时长比上文通过简易计算方法得出的数值多出 2 分钟，但这也说得通，毕竟在缓慢前进的多数时间里，我的身体都在地球的外层区域，所以在这段时间内的重力加速度几乎是恒定的，我在地心的速度将达 28500 千米 / 小时。

现实中还要考虑空气阻力

或许有人会对上文的计算方式提出反驳，毕竟在现实中，身体不会完全自由下落，而是在空气阻力的影响下降低速度。假设隧道里的大气压为 100 千帕，那么根据物理学，我的身体会很快达到极限速度。在这个速度下，重力和空气阻力相互平衡，不会继续加速。考虑到人体形状和空气特性的典型值，这一极限速度为 65 千米 / 小时。以这个速度，需要 1 天零 15 个小时才能抵达地心。但事实上，正如我所说，引力向地球中心递减。如果把这点考虑进去（这会更复杂），则时长约为 25.9 小时，即约 1 天零 2 小时。

但仍有误差，因为气压会随着空气柱在地心上方的高度而产生变化，这样一来问题就变得更复杂了。可以证明，理论上（在 25℃ 的恒温下）地心处的气压为 10^{159} 千帕（即

1 后面带着 159 个 0！）。这基本没有实际意义，因为空气在几万千帕的压力下会液化然后凝固，这种情况会在距地表大约 50 千米的深处发生。这样的话根本没办法穿过这条隧道，必须把隧道抽成真空方能落到地心。但即使这样也无法实现，因为没有任何一种隧道建材能够承受地球内部 3600 千帕的极高气压——隧道必会坍塌。

微观世界中的疯狂物理学

"如果我们停止科学研究，就失去了人类的本质。"

亚瑟·C. 克拉克（Arthur C. Clarke，1917—2008）

英国科幻作家、物理学家

引自《S. E. T. I.——寻找外星人》

神圣的"希格斯粒子"

　　20世纪60年代，诺贝尔物理学奖获得者彼得·希格斯[①]（Peter Higgs，1929—　）预测了希格斯粒子（亦称上帝粒子），随后欧洲核子研究组织（European Organization for Nuclear Research，简称为CERN）于2012年7月在粒子加速器中发现并证实了希格斯粒子。但从那以后，希格斯粒子就被人遗忘了，这个惊人的发现为什么未被授予诺贝尔奖？"神圣"的希格斯粒子究竟是什么呢？

　　每年，诺贝尔物理学奖都会颁发给为人类文明做出巨大贡献或具有杰出的科学成就的人，这连孩子都知道。但说到底究竟何种成就才可获得诺贝尔奖呢？专家们常常为此争论不休，也曾做过一些错误的决定。所以诺贝尔奖委员会实际上是相当保守的，他们宁愿等上几年甚至几十年，来判定一项成就是否真的经得起考验，又或是一项发现是

----

① 　2013年彼得·希格斯获得诺贝尔物理学奖，获奖原因是预测了希格斯机制。——译者注

否真的如此卓越。但也不能等太久，因为诺贝尔奖只颁发给在世的科学家。

但实际上，一切似乎都已明了。几十年来，为发现这种神奇的粒子，人们已向日内瓦欧洲核子研究组织的加速器投入了数亿欧元，据称2012年首次发现这种粒子，此后又经多次证实。好吧，难道这都还不值得一个诺贝尔奖吗？！答案无疑是肯定的。

基本粒子动物园 ① 中的秩序

为什么答案是肯定的呢？现在物理学界已知大约有一百种不同的粒子，而每隔几个月就会增加一种。那么希格斯粒子究竟有什么特别之处？要搞清楚这一点，首先必须给这个粒子动物园进行排序。这在大约40年前便通过标准模型 ② 得以实现，世界上的所有事物（包括桌子、椅子、

---

① 20世纪五六十年代，物理学家在对撞机实验室的帮助下，发现了几十种新粒子，并将这些新粒子的集合体称为"基本粒子动物园"。20世纪70年代，物理学家们在这些混乱的粒子中找到了一种秩序，并将它们进行重新排序。——译者注

② 标准模型是描述强力、弱力、电磁力这三种基本力及组成所有物质的基本粒子的理论。它以量子场论、物理参数和基本粒子的三个层次表征了物质的相互作用、解释物质的组成与基本粒子质量的规律等。——编者注

人、细菌……）都是由基本构件（基本粒子），即费米子组成的。世界万物究竟如何通过这些基本粒子形成？其实是靠四种基本力进行调节，即引力、电磁力、核力和弱力。反过来，这些力可以用完全不同的基本粒子，即玻色子来表现。在标准模型中，"我按下一个响铃按钮"的意思是：我的拇指和响铃按钮由原子组成，原子又由不同的基本粒子即费米子组成。拇指表面原子的电子（费米子）与按钮直接接触时，产生的静电作用力——也就是电场的虚光子（玻色子）之间的交换——会使按钮的原子发生位移，从而引起按钮本身的位移，直到与电铃接触，电铃发出声响。

费米子，即"物质粒子"，可分为 3 个族系，每个族系由 3 个夸克（原子核较重的组成部分）和 2 个较轻的轻子（包括电子，原子外壳的粒子）组成。这一点早就众所周知，一点儿也不稀奇。此外，费米子间的每个力都通过各自的场传导。即使是物理学家也并不完全理解场究竟是什么。对他们而言，最重要的是确切地知道场是如何工作的。这种作用方式由一个（或多个）相关的电力传输玻色子决定，这是场特有的属性。然而，只要场是静态的，这些玻色子就不会真正存在，这就是为什么它们被称为虚玻色子。但场也可以被激发，然后形成传导开来的真实粒子即真实玻色子。因此，激发电场和（或）磁场靠电磁光子即光粒子（玻色子），而激发引力场则靠引力波即玻色子引力子。由于玻色子极其微弱，直到 2016 年才通过一个特殊的引力波探测器直接探测到它的存在。

希格斯场

但有一件事是标准模型始终无法解释的：为什么所有这些费米子和玻色子都有如此大的质量差异？最重的顶夸克比最轻的电子中微子重约 100 万亿倍。它们的质量究竟从何而来？物理学家们大胆假设：也许是存在一个新的场，即希格斯场，它均匀地分布在宇宙的各个角落！这个假设确实很大胆，因为希格斯场与现有的标准模型毫不相关，只有经典场概念与之有共通之处。但希格斯场的怪异之处在于它无一例外地对宇宙中所有粒子产生影响。即使在粒子静止时，希格斯场也会赋予它们质量（静止质量）。当粒子在场中移动时，就会变得稍微重一些，从而导致由质量产生的惯性效应。没有希格斯场，宇宙万物就没有了质量，也就没有了引力！

为了更好地理解这一点，我们将希格斯场与众所周知的地球引力场（重力场）进行对比。虽然引力场随着与地球表面距离的增大而减小，但它永远不会变成零。由此可知，理论上引力场无处不在，但实际我们看不到。我向上举起一块石头，其质量与引力场相互作用，因而被拉下来，所以石头仍在我手中。希格斯场的工作原理与之类似。我们看不到它，但倘若我加速投掷石头，根据希格斯模型，则会发生以下情况：由于石头与希格斯场相互作用，石头的速度加重了它的质量，进而提高了它的能量（$E = m \cdot c^2$）。这种由于希格斯场中的速度而导致的质量增加，产生了我手上感觉到的惯性力。希格斯场跟引力场唯一的不同之处在于：即使石头处于静止状态，希格斯场也会赋予它质量，假设它的静止质量约为 1 千克。如果希格斯场不存在，那么这块石头乃至宇宙万物都会无质量地漂浮着。希格斯场以一种几乎神奇的方式将质量带入我们的世界，因此它不可不谓"神圣"。2013 年，物理学家彼得·希格斯和弗朗索瓦·恩格勒（Francois Enylert, 1932—　）因发现这一质量生成机制而被授予诺贝尔物理学奖。

希格斯粒子

　　如何才能探测到看不见的希格斯场？通过一个大型粒

子加速器激发它。与其他场一样，希格斯场的激发也是靠一个真正的玻色子（提示：玻色子"光粒子"源于电场的激发，就像灯泡的灯丝），即希格斯粒子。该粒子被日内瓦欧洲核子研究组织发现。希格斯粒子附着在自身的希格斯场上，以至于该粒子自身甚至都有质量！这就是很长一段时间都找不到希格斯粒子的一个重要原因，毕竟真的只能通过这种能量巨大的粒子加速器才能发现它。

2012 年 7 月 4 日，希格斯粒子的发现间接证明了物理学家彼得·希格斯在 20 世纪 60 年代提出的希格斯场理论，并使他成为诺贝尔奖最佳候选人。但是，欧洲核子研究组织的物理学家也会因此获得科学界最负盛名的诺贝尔奖吗？我并不这么认为。每隔几个月就有人发现一个新粒子，原则上他们都可以声称该粒子是希格斯粒子。作为辅证，新粒子首先必须能更精准地表明，在各种可想象到的情况下，该粒子不仅看似希格斯粒子（质量 =125 吉电子伏特[①]，正符合理论家的预测），而且实际上真的也是希格斯粒子，即该粒子需具备希格斯粒子的所有其他预测属性。这正是欧洲核子研究组织的物理学家在未来几年的工作方向。只有证实这一点，他们才能获得诺贝尔奖。不想之后竟然成真了！

[①]　1 吉电子伏特等于 10 亿电子伏特，可简写为 GeV。——编者注

"科学理论应该尽可能简单，但不能过于简单。"

阿尔伯特·爱因斯坦

现代物理学家

简说弦理论

弦理论[①]有望回答当今粒子物理学界的所有问题，堪称解释宇宙所有问题的终极理论。真是这样吗？弦理论已解决的问题有哪些？无法解决的问题又有哪些？

存在"放之四海皆准"的万能公式吗？有一个可以解释和预测万物的法则吗？我们都知道了，答案必然是否定的（见作者另一本书《另一个角度看世界》中"未来可以预测吗？"一章）。不过对于弦理论，我们也不能把话说满。毕竟支持它的人只是声称，弦理论可以统一解释所有力及与之相关的粒子。这样一来，它所包含的量就相当大了，因为这将使弦理论成为终极的大一统基本粒子理

---

① 弦理论：也称"弦论"，是理论物理学上的一门学说，其基本观点是，自然界的基本单元不是电子、光子、中微子、夸克等粒子，这些看起来像粒子的东西其实是很小很小的弦的闭合圈（即闭弦或闭合弦），闭弦的不同振动或运动产生出各种不同的基本粒子。——编者注

论，在物理学中，它尚算不上"万物理论"（Theory of Enorything，简称为 TOE）。

为什么我们需要一个万能公式？

当今粒子物理学（力及其粒子理论）有两大难题。物理学家们普遍采用的标准模型并不包括引力和作为引力场粒子的引力子。因此，该理论是不完整的，此外该理论还假设基本粒子（光子、电子、夸克）是点状的。点是指奇点，当人们想确定粒子的属性时，该理论会引出以下问题，例如：电子的电荷量是多少？对此用标准模型无法解答，因为计算时必须考虑到量子涨落产生的虚粒子对点电荷的屏蔽效应（参见作者另一本书《黑洞中的魔鬼》中的两节——"什么是引力？"和"什么是暗能量？"）。数学上得出的结果是：一个奇点电荷意味着一个无限大的屏蔽的虚粒子云电荷。但是测量的总电荷有限，所以原始电子电荷也必须无限大。因此，有效电荷 = 点电荷 - 屏蔽电荷 = ∞ - ∞。然而，在数学界这是不可知的，因此点状电子的有效电荷不能以这种方式计算。

远离奇点！

该如何解决这个问题？我们不妨果断地假设基本粒子不是点状的，而是可延伸的，它是一条线而非一个点。这是人们首次把粒子设想成一根弦。如果有坚实的数学理论支撑，弦理论便可就此诞生。事实上，弦理论家还有其他想法，他们想证明，这种新方法还可解决上文提到的第二大难题，即引力可以被包括在内。事实上，他们也设法做到了，为此他们不得不做出以下惊人的假设，至今大多数物理学家都认为这一假设是正确的。

9+1 维空间

还有一个小问题，鉴于数学的一致性（否则弦理论会存在内部逻辑矛盾），我们不得不假设，宇宙有 9 个空间维度和 1 个时间维度（物理学家将此表达为 9+1）。如果情况不是这样，又该如何呢？毕竟我们生活的世界是 3+1 维。对此人们坚信，其他几个维度一定存在，只是我们看不到罢了！弦理论家认为，我们可以这样想象：空间维度是可弯曲的、自成一体的。例如，我们的地球表面对应一个球面，即它是一个自成一体的二维空间。如果将这个球体无限缩小，直至变为一个点，也仍然是二维的。弦理论也是同理，在宇宙的 9 个空间维度，有 6 个空间维度都被强烈地"蜷缩"起来（这是官方叫法），以至于我们感知不到它们的存在。这 6 个空间维度在整个 9+1 维的宇宙中形成一个子空间，即卡拉比－丘成桐空间。剩下的未蜷缩的 3+1 维正是我们所处的空间维度。

卡拉比－丘成桐空间

如何将其可视化呈现呢？如果把我们生活的三个空间维度中的一个卷成一个圆，然后把它缩小到几乎成为一个点，那么将得到一个二维平面，我们将作为二维生命生活在其中，这些极小的圆附着在平面的点（数学上的点）上，并略微突出于平面之外。由于平面上的点是任意且密集排列的，因此这些圆在点上创建了一个紧凑的一维超空间。在这个意义上，卡拉比－丘成桐空间是我们三维空间中的一个紧凑的六维超空间。

六维卡拉比 - 丘成桐空间的准三维视图，弦存在于其表面。（图片来源：GNU 自由文档许可证）

卡拉比 - 丘成桐空间里的弦

正是这个极小的卡拉比 - 丘成桐超空间，弦可以在其表面存在并振荡。这是一个关键的点，因为卡拉比 - 丘成桐空间的几何形状决定了弦在其表面的振荡形式。根据弦理论，不同的振荡形式又决定了粒子的各种基本属性，如电荷、弱电荷、色荷、光子、引力子、胶子等。原则上，从拓扑学视角来说卡拉比 - 丘成桐空间只有三个孔，这正好产生了我们实际观察到的三个粒子族（世代）。

这种用标准模型无法给出的解释，使弦理论获得了巨大成功，这也是许多物理学家推崇该理论的原因。此外，卡拉比 - 丘成桐空间的大小也决定了存在其表面的弦的大小。卡拉比 - 丘成桐空间必须占据理论上的最小尺寸，即普朗克长度 10^{-32} 厘米，那么弦也必须相应地缩小。如果说

原子的直径约为 10^{-8} 厘米，原子核的直径约为 10^{-13} 厘米（这是我们迄今为止所知道的最小的原子核），那么相较之下弦真的出奇的小。

弦理论尚未解决的一大难题

但是卡拉比 - 丘成桐空间存在一大难题。将 6 个空间维度压缩成卡拉比 - 丘成桐空间大约有 10^{500} 种（1 后面有 500 个 0！）不同的可能（"蜷缩形式"），从数学角度来看，这些可能性都是一样的。但在我们的宇宙中，只有其中一种形式能够实现。由于卡拉比 - 丘成桐空间非常狭小，我们根本无法通过实验直接观察到它，因此仍不知道它的形成究竟是通过这 10^{500} 种可能性中的哪一种蜷缩形式。倘若没有进一步的信息，便几乎无法确定。但是如果无法确定卡拉比 - 丘成桐空间的几何形状，便无法获知振荡形式，从而无法明晰粒子属性。这是弦研究目前面临的最大难题。

10+1 维 M 理论

然而，弦是自成一体的，即环形的，还是有开口的？

弦物理学家们已经对该问题进行了回答。直到不久前还有不同的弦理论之争。I 型弦理论认为弦既有开口也有闭合，而其他四种弦理论（IIA 型，IIB 型，E 型杂弦，0 型杂弦）则认为弦都是闭合的。正如 1995 年物理学家爱德华·威滕（Edward Witten）等人所示，倘若宇宙有 10+1 维而非 9+1 维，那么上述五大弦理论，以及彼时尚且仍作为独立理论的 11 维超引力，便可形成独一无二的 M 理论。由此可知，既有开弦，也有闭弦。而且，M 理论提出的附加空间维度表明弦不是一维的线，而是二维膜或环。随着弦理论的发展可知，基本粒子应该不是弦，而是通常所称的 p- 膜，例如 1- 膜 =1D 线 = 弦，2- 膜 =2D 物体 = 球面，3- 膜 =3D 物体等。尽管如此，物理学家们在这里仍然像在之前的 M 理论中那样探讨弦。当他们再谈及"一般意义上的弦"时，确实应注意这点。

弦理论提供了不同寻常的解释

　　下文给出的两个例子将说明弦理论对至今仍无法理解的现象提供了哪些新的解释，以及弦理论为何如此受欢迎。

　　正如上文所说，弦存在于整个卡拉比 - 丘成桐空间中，而且，也存在于我们的三维空间之外。开弦以及与之相伴的强粒子（胶子）、弱粒子（W 和 Z 玻色子）和传递电磁相互作用的粒子（光子），都以其末端附着在我们的三维空间上。这就是我们在三维空间中看到的它们的全部。相反，闭弦（希格斯粒子和引力子）并不依附于我们的三维空间，而是在非常接近三维空间的卡拉比－丘成桐空间上移动，但从不与它接触。布兰斯－狄克宇宙论代表如丽莎·兰道尔（Lisa Randall）声称，这个距离我们空间极近的地方正是引力的弱点，而所有其他附着在我们空间上的弦或基本粒子则对宇宙质量粒子施加了一个相当强的力。这确实是为力的不同强度提供了一个妙趣横生的解释。

另一个有趣的例子是，对于量子物理学家而言，光子的量子纠缠或传导电子进入所谓的相关费米液体（例如超导体）实际上是一种还未完全被理解的现象。对此，弦理论提供了一个新解释：在三维空间中的不合逻辑的纠缠是略微超出三维宇宙的卡拉比－丘成桐空间的粒子关联的结果。我们所看到的不合逻辑的纠缠只是这些关联性在我们世界中的投射。

弦理论虽不断发展，但粒子物理学家仍未将其奉为"万物理论"。它目前正面临着严峻的"$1/10^{500}$"解释危机的考验。不过，至今它已提供了很多不错的解释，我们不能置之不理。一定还有一些尚未发现的东西，但"万物理论"是一大难以攻克的课题，甚至连斯蒂芬·霍金（1942—2018）也曾出错，1999 年他于波茨坦"弦 99"国际会议上宣称，他坚信物理学家会在 20 年内找到"万物理论"。但时至今日，物理学家们尚未找到，他们还有很长的路要走。

"科学家研究已有的世界，工程师则创造未有的世界。"

西奥多·冯·卡门（Theodore von Kármán，1881—1963）

匈牙利裔美国力学家

快子和其余粒子动物园

据说，快子的速度比光速还快。超光速基本粒子真的存在吗？！想要获知答案，就需把目光投向理论上存在的粒子动物园。

我们都知道爱因斯坦的一句箴言：在宇宙中，没有什么能比光速更快。但是，据说有超光速粒子，它们的速度比光速更快。这不相互矛盾吗？事实上并不矛盾，毕竟所谓超光速粒子实际来自另一个世界。

一切都很正常

究竟有哪些形式的物质和能量？其中一种是具有正质量的普通物质，即 $m > 0$ 的物质，我们人类也是由正物质构成的，用望远镜可以在宇宙的各个角落观察到正物质。还有一种是暗物质，它仍然是一种普通物质，所以 $m > 0$，但比正物质大 5 倍，并具有以下附加特性：暗物质不会产生静电和参与电磁相互作用。这点很重要，这就是为什么我们既不能看到暗物质，也不能与它发生机械性接触——暗物质不受干扰地流经我们的身体，但我们却完全感知不到。此外，暗能量是宇宙中的一种正能量形式，即 $E > 0$，它和暗物质一样，无处不在，但我们亦无法感知并利用它，因为我们无法与之相互作用。我们确定，暗物质和暗能量一定存在，只是我们还不知道它们如何构成（更多内容请参阅作者的另一本书《黑洞中的魔鬼》一书中"什么是暗物质？"和"什么是暗能量？"两节）。

反物质是正常的正质量粒子，即 $m > 0$，但是除此之外反物质的其他属性都与正物质相反。例如，反物质不是正粒子电荷，而是负粒子电荷。正电子是电子的反粒子，因此带有正电荷。当一个正粒子和它的反粒子相遇时，会发生爆炸，双方相互抵消湮灭，留下两个能量为 $E = [m + (-m)] c^2 > 0$ 的光粒子，它们朝着相反的方向消失直至再也看不到。如今，反物质通常产生于粒子加速器，例如欧洲核子研究组织的粒子加速器。

质量为负的粒子？

既然有正质量粒子，那么具有负质量或负能量的粒子也应该存在。负质量粒子是虫洞能够稳定存在的必要条件，也是曲率驱动引擎正常运转的必要条件（参阅作者的另一本书《穿越地狱》中"曲速驱动器——工作原理"一章）。目前尚不清楚负质量粒子是否存在于"野外"，我对此也持怀疑态度。如果一个正常的正粒子和一个同等质量的负粒子相遇，那么就什么也不剩了，因为 $E=[m+(-m)]c^2=0$。

　　诸如 $-m$ 之类的表达式最初只是数学游戏，并不代表一个真实的粒子。这就像银行账户里的负数代表目前负债。有负债不代表有另一种钱，而是欠钱。当把这笔钱转入账户，账面数字就变为 0。负质量或能量只有在与正物质或正能量有直接的空间和时间联系时才具有物理意义，即倘若从一个空白空间中移除正能量，负能量仍然存在于这个空间。这正是卡西米尔效应。然而，负能量并非真正的能量，仅仅是因为在没有能量的空间中没有真正的正能量。然而，宇宙中的这种能量黑洞不同于半导体中的电洞或银行账户中的"窟窿"。账户窟窿相对稳定，而负能量极不稳定，必须不断做些什么才能维系其存在。这正是负能量总是伴随着更多正能量的原因（参见《穿越地狱》一书中"曲速驱动器——负能量导致的问题"一章）。鉴于此，具有负质量或负能量的东西不可能是自由粒子或独立粒子。就像在半导体中，电洞可以被看作稳定的缺陷电子。

虚粒子有多大的真实性？

　　理论上，可能存在完全不同的粒子，即具有虚质量的基本粒子，至少可以这么说（此处和下文中，作者将粒子的"质量"理解为它的静止质量，即就数值而言的最小质量）。虚是什么意思？即这些粒子既没有正质量也没有负质量，而是介于两者之间。从数学角度来看，$m > 0$ 或 $m < 0$ 都不对，而是 $m^2 > 0$ 但 $m^2 < 0$。这可能吗？有意义吗？从理论上讲是有意义的，就像人们声称通过虚数 i 找到了起初看似无解的问题 "-1 开根是几" 的答案一样。这在实数世界里是不可能的，毕竟实数描述的是我们所处的真实世界。但倘若简单地将 i 这个量定义为 $i^2 = -1$，那么理论上是可行的，一个全新的虚数空间就此打开。这个技巧的神奇之处在于，如果将实数空间与虚数空间相结合，便形成了所谓的复数空间，如此便可解决一些切实问题。这些问题只靠实数是很难甚至不可能解决的。高等数学的著名领域——函数理论，正是源自这个方法。然而，可以用数学表示的东西并不一定符合现实世界。若如此，就会像数学

中一样，想象的世界将与现实世界呈正交，也就是说两者
互不相关，人们无法从此世界进入彼世界，反之亦然。

从数学角度来说快子是有意义的

对我们而言，质量或粒子的正交性究竟意味着什么？先
假设存在虚质量粒子，即 $m^2 < 0$。再将其代入爱因斯坦的狭
义相对论方程，结果令人惊讶不已。

首先，方程与虚质量竟然兼容，这意味着在此不存在任
何数学上的难题，只要速度 $v > c$，求解方程就有意义，无
论这些粒子是否与现实情况相符。鉴于这一罕见的特性，物
理学家杰拉尔德·范伯格（Gerald Feinberg）在 1967 年给
这些粒子命名为快子（源自古希腊语中的"快速"一词）。
为了将这些粒子与我们所熟悉的 $m^2 > 0$ 及 $v < c$ 的粒子区
分开，他称后者为慢子（源自古希腊语中的"慢"），而我
们所熟知的无质量粒子，即 $m^2 = 0$ 及 $v = c$，例如光粒子（光子），
他则称其为无质量慢子（源自古希腊语中的"光"）。

因此，从数学角度来看，快子与这个世界是相容的。
那么，快子也有物理学意义吗？下一章将给出答案。

"只有当17世纪的科学家不再问'为什么'或'为了什么',而把问题集中在'如何'上之后,我们的宇宙观才得以扩展。"

萨缪尔·萨姆博斯基(Samuel Sambursky,1900—1990)

以色列科学史学家

快子如何做到超光速

快子以超光速运行，与我们世界里所熟知的方式完全不同。问题在于我们能利用这种超光速吗？

上一章得出如下结论：如果快子存在，那么其速度必须始终比光速快，不可能低于光速。相反，慢子，即我们熟知的物质粒子，其速度永远不会超过光速。唯一有待说明的是，我们能否以某种方式与快子建立联系并加以利用，以及快子是否真的存在。

快子是如何运行的？

通过爱因斯坦相对论方程的边界条件所得出的快子具备何种特性？对于具有能量 E、静止质量 m_0 和速度 v 的任意粒子来说，关键的相对论关系是：$E = mc^2 = \dfrac{m_0 c^2}{\sqrt{1 - v^2/c^2}}$。

如果粒子的能量 $E > 0$，则真实存在，如果 $E < 0$，则不真实，即不存在。由方程可知，具有实际静止质量 m_0 的慢子只有在 $v < c$ 时才真实存在，因为此时的根是实数。另外，具有虚静止质量的快子只有在 $v > c$ 时方真实存在，因为此时根是虚数。因此，它们有存在的可能性完全是因为静止质量的不真实性和超光速的不真实性共同得出的数学结论。然而，这并不意味着快子一定真实存在。根据爱因斯坦的狭义相对论，它们只会在数学上有假设的可能性。

当快子和慢子改变其速度时会发生什么？根据上述方程，在我们的世界中，在 $v < c$ 的情况下，慢子在 $v=0$ 时有静止质量。随着速度的增加，慢子的实际质量 m 起初增加得很慢，但当速度增加到接近光速时，质量就会增加得越来越快，直到达到光速时变得无限大。但慢子永远无法达到光速，因为无限接近光速时，终将在某一时刻耗尽宇宙的所有能量，并通过 $E=mc^2$ 转化为不断增加的质量。这正是这世上没有任何东西比光速快的原因。因为从逻辑上讲根本就不可能！

那么，快子又是怎样的情况呢？根据上述方程，快子的质量随速度而变化，就像普通粒子，即慢子一样。但在超光速的颠倒世界中，快子速度越慢，质量就越重。当

$v=c$ 时，就会变得无限重。反之，如果快子的速度增加，那么其质量就会减少，这与慢子的情况正好相反。在 $V=\sqrt{2}\cdot c$ 时，它们达到虚静止质量。这一点只需将其代入方程便可很容易确定。随着速度的不断增加，快子的质量则越来越小，直到速度达到无限大，其质量和能量在理论上变为零。直白点说，必须靠补充能量来减缓快子的速度！

　　虽然快子和慢子的运行方式非常不同，但都遵循着相同的定律：尽管快子和慢子存在于两个不同的世界，但光速对它们而言都是不可逾越的鸿沟。

结论

　　根据爱因斯坦的狭义相对论，在当下所处的世界，一切物质的运动只能低于光速；但也可能存在另一个单独的世界，即快子世界，在那里，物体的运动速度一直超过光速。

　　基于此，不排除有一个平行宇宙与我们并存，那里只有快子存在而没有我们已知的粒子。但至今这些仍是猜想，因为原则上，我们永远无法对平行快子世界进行实验性观察。

颠倒的快子世界

尽管如此，我们还是可以从逻辑上将自己置身于快子世界，去一探究竟。快子的超光速以及可无限变大（快得要命！）的显著特性，在理论上与事件的时间顺序被颠倒有关（对此不再深入讨论，因为太过复杂）。换言之，快子可以在一定时间内以任何速度反方向传输信号。20 世纪60 年代，人们获知，如果快子能够以某种方式与慢子接触，就会出现矛盾的通信可能性。举例来说，人们可以利用慢子制作一部快子电话，用慢子将信息传递到过去，但这样一来就与因果律相矛盾了。

这种悖论也出现在《星际迷航》中星舰自毁的片段里：如敌方入侵者想要摧毁"企业号"星舰，那么他只需按下按钮，毁灭信号就会通过快子发出并及时回传，在入侵者按下按钮之前摧毁"企业号"；但由于"企业号"已经毁灭。入侵者根本无法按下按钮，因此没有发出毁灭信号。这也是入侵者可以按下按钮并发出毁灭信号的原因。那么"企业号"到底是自毁还是被摧毁的呢？

因此，超光速快子将抹掉宇宙中的因果关系，这意味着宇宙将从逻辑上直接瓦解，变得"无法运转"。

为了至少"保住"宇宙，下文我们就来说说，毕竟如果快子真实存在，我们也将永远无法与之互动。

迄今为止，有关快子的观点皆基于爱因斯坦的经典相对论。但也许量子理论可以提供一种利用快子特性的可行方法，说不定可以凭此判断快子是否存在。下一章将对此做出具体阐释。

"科学是人与自然的对话。"

伊利亚·普里高津（Ilya Prigogine，1917—2003）

比利时 1977 年诺贝尔化学奖得主

快子真的存在吗?

量子理论认为，快子不可能存在。弦理论等现代理论会给出不同的答案吗?

上一章得出了一个令人沮丧的结论：我们永远无法利用快子的超光速特性来实现某些目的。但现在情况变得更加糟糕。接下来我们就会了解到，量子理论本身就已排除了快子存在的可能性，更不用说为我们所用了! 也许有人会说："没准儿未来的理论会有不同的看法。" 即便真的如此，也改变不了多少! 为了理解这一点，我们需要好好研究一下量子力学。别担心，我保证你会弄明白的。

从量子力学角度认识快子

快子是爱因斯坦狭义相对论中假想的粒子，狭义相对论是光速极限背景下的经典力学理论。如果从量子理论角度探究快子，会出现两大问题。理论上，在真空中以超光速运行的真实粒子会产生切连科夫辐射[①]，这是由真空中虚粒子的偏振产生的。如此一来，快子便会首先失去能量并继而失去质量。然而，众所周知如此一来快子便会加速。这也许会引发连锁反应不断升级，因为速度越快产生的切连科夫辐射越强，直至无限强。

尽管实验技术已成熟，但至今仍未观察到这一自相矛盾的情况。由此可知，快子世界要么不存在，要么就是由于某种原因不能与我们所处的世界接触。

此外，量子理论的第二大问题也排除了这种可能性。量子理论认为，粒子既可看作粒子，也可看作波，这两种看法并不相悖，反而互补。然而，这一原理，即物理学中所谓的波粒二象性，对快子并不适用。这就是粒子图像和波图像相互矛盾的地方。如果求解与快子有关的波方程，便会出现两种选择：要么接受快子波的传播速度慢于光速（这是数学事实，因此可称为均匀传播速度，但与粒子图

---

① 切连科夫辐射：透明介质中穿行的速度超过介质中光速的带电粒子所发出的一种辐射，是带电粒子与介质内的束缚电荷和诱导电流所产生的集体效应，具有明显的方向性和强偏振等特点。——编者注

像明显自相矛盾），要么得到一种以超光速传播的波，但不会作为粒子存在于任何地方。换言之：波，以及随之而来的粒子，无处不在亦无处所在。无论勉强接受两种选择中的哪一种，都会得出惊人结果，即以波形式存在的快子无法以超光速传输信号。因为快子波要么以低于光速的均匀传播速度传输，要么以超光速传输。但这样一来，就变得无法解释了！究竟何为正确？是上文描述的粒子图像？但粒子图像本身逻辑上就自相矛盾。那就是波图像？但它存在同样的问题且与粒子图像相悖。从量子理论探究快子，其实面对的就是一堆逻辑废墟。

结论：量子理论出于逻辑原因排除了快子存在的可能性。

弦理论是出路吗？

真的是这样吗？还是说相对论和量子理论还无法完全解释快子世界？难道这两大理论不够完整？既然如此，也许尚未成熟的量子场论反倒可以帮上忙，物理学家也希望用这一理论去解决许多其他问题。弦理论就是这样一种量子场论，但目前还不确定它是否可正确且完整地描述我们的世界。阿修科·希恩（Ashoke Sen）教授是弦理论界的快子专家。根据他的说法，快子其实就是弦，快子并非以超光速飞行且具有虚"静止质量"的真实粒子，而是会迅速衰减的不稳定形态的弦——快子不稳定性。这种不稳定的快子可能源自大爆炸，随后便衰变了。因此，从弦理论的角度探究快子可知，根本不存在以超光速传播的粒子，使我们可以从中获益。所以一切都白搭。

可能在这之后得出的正确的量子场论会提供一条出路，这种想法与之前的经验相矛盾。迄今为止，已知的理论为我们提供了一个大体一致的自然图景。只有达到实验极限，才会达到理论极限，此时方需创建新理论，新理论在新的领域对旧理论进行补充，但不会与之相悖。因此，如果快子真实存在，应该已在相对论范围内提供了一个还算一致的图景，尽管有些问题仍旧未能得到解决。但事实并非如此。在相对论和量子理论中，快子图景是完全不一致的。这说明快子世界实际上并不存在。

由此可知，我们完全可以排除快子世界——一个我们不曾接触的世界——存在的可能性。我们的宇宙只有正常的粒子和光粒子，别无其他。

"一个新的科学真理不是通过说服对手而取得胜利，而是因为对手最终会消亡。"

马克斯·普朗克（1858—1947）

德国物理学家，量子物理学创始人

有些东西比光还快！

没有什么能比光速更快。但有些事情确实如此！

通过快子，我们可知，有质量的粒子不会比光速快。但在一些特殊的效应中，这些粒子似乎确实起了作用，虽然只是看起来如此。

当提及"速度"时，大家都会联想到一辆呼啸而过的汽车。为什么要限速呢？如果不停踩油门，是否可以想开多快就开多快？那么音障①呢？20世纪初，许多人认为速度无法突破音障限制。但在1947年，速度首次突破音障限制，并被大众认可。那么，我们还能相信时下那些认为光

---

① 音障：当航空器的速度接近音速时，将会逐渐追上自己发出的声波。此时由于机身对空气的压缩无法传播，将逐渐在机体的迎风面及其附近区域积累，最终形成空气中压强、温度、速度、密度等物理性质的一个突面——激波面，激波面将增加空气对飞行器的阻力，这种因为音速造成速度提升障碍的物理现象即音障。——编者注

速也无法被突破的人吗？当我乘坐的宇宙飞船速度接近光速时，是不是只要猛踩油门，咻的一声，就能超过光速了！真是这样吗？

音障

有了音障，这就是事情的关键：当然，那时人们已经知道有些东西的飞行速度可以超过音速——大约1200千米／小时。首先，即便在20世纪，步枪子弹的飞行速度也比音速快，这从音爆现象便可知晓。其次，由于几乎不受空气阻力作用，在大气层外速度可以更高。从事研究大气层内飞行的空气动力学家则认为，突破音障时产生的音爆足以摧毁一架脆弱的飞机。这只是一个猜测，并不是一个无可辩驳的事实。

透明介质中的超光速

在透明介质（即非真空，例如水）中，速度接近光速的情况甚至类似于飞机在大气中飞行。某些粒子可以比光速快，即以超光速飞行。例如，当宇宙介子撞击水时，其速度通常直逼光速①。就像飞机突破音障时产生音爆一样，如若发生在粒子身上则会形成所谓的马赫锥现象，在这种情况下会发生切连科夫辐射。这是因为来自大气层上层的介子在水中以近 30 万千米 / 秒的速度穿行，而光在水中只能以 22.6 万千米 / 秒的速度飞行。也就是说，介子在水中的速度比光速还快 1.33 倍。瞧，是超光速吧！

真空是关键

但这根本不是重点，爱因斯坦声称，"没有什么比光速飞得更快"，对此，科学家们都认同。也就是说大家都认为，在真空中，没有任何东西的速度可以超过光速。在真空中，光速为 30 万千米 / 秒，而宇宙介子的速度却总是略低于这个光速。究竟是为什么呢？为什么无法在真空中给介子一点额外的推动力，然后嗖的一声它就超过光速了呢？答案就是：从逻辑上讲压根儿行不通！听后在此惊掉下巴的读者可以参看我的另一本书《黑洞中的魔鬼》中的"爱因斯坦三部曲——没有什么比光飞得更快！"一节或是本书"快

---

① http://hyperraum.tv/2014/03/04/pierre-auger-observatorium/.

子真的存在吗？"一章。在该章里我详细地描述了相关原因。

结论：在自由空间的真空中，没有任何东西的速度比光速更快。在宇宙的任何地方都是这样。

还有三件事需要澄清。其一是快子，如果快子存在，其速度肯定比光速快。我已经在本书中的相关章节阐述了快子不可能存在的缘由。

不飞行的超光速！

其二是在另一种效应中，你甚至可以达到任何想要的速度。假设我们拿着一支激光笔，使激光束从我们这里射出，然后在一秒钟内围绕我们自己的轴线旋转一次。如果激光束射到月球，那么它在月球表面的传播速度有多快？这不难计算。月球对地球的张角约为 $0.5°$。为此，光束需要大约 $\frac{1}{2} \times \frac{1}{360}$ 秒，即 1.4 毫秒。在这极短的时间里，激光束将扫过宽约 3500 千米的月球。因此，激光点在月球表面移动的速度为 3500 千米 $/0.0014$ 秒 $=250$ 万千米 / 秒。比光速快了 8.3 倍！这有可能吗？只是表面上是这样，因为实际上没有任何东西在移动，激光点并非客观实物，射中月球表面的一个点。只是我们的大脑认为这似乎是一个实物，但它并不是。

超光速隧穿效应

其三是量子隧穿效应。这是什么？有迹象表明，当粒子通过量子力学的"隧道"穿过势垒时，它们的速度应该比光速略快。在那儿到底发生了什么？在不足 10 纳米的狭小的宽度上，我们世界的某一部分与我们所知的完全不同。这就是量子世界。最小粒子，尤其是基本粒子，不再以粒子形式存在，而是表现为波（德布罗意波）。此外，基本粒子可以在纳米环境下穿过原本无法克服的"墙壁"。这就好比你撞上了一堵 10 米高的墙无数次，突然发现自己已经穿到了另一边。人们称其为量子隧穿效应。这在宏观世界中不可能发生，但在微观的量子世界中的确是可能的。

钾 -40 在人体内放射性衰变，从而造成人体的天然放射性，进而导致人类进化时基因突变，以上种种皆基于量子力学隧穿效应。没有隧穿效应，我们压根儿就不会存在。

问题的关键在于：众所周知，自旋为 0 的基本粒子，即无自旋玻色子，以略高于光速的速度穿过势垒。光粒子就是无自旋玻色子，因此光以超光速穿过光学势垒。倘若隧穿效应也存在于宏观世界，那么当你出现在墙的另一边时，你就会以超光速穿过这堵墙。然而，我们并非无自旋玻色子，也生活在宏观世界，因此这一切就不可能发生。
这就是为什么我强烈建议不要自己尝试去穿墙。

通过超光速隧道实现超光速？

难道超光速隧穿效应不就证明了超光速在宇宙中是可
行的吗？那爱因斯坦说错了吗？当然不是，原因有二。其一，
基本粒子确实能以略快于光速的速度穿过势垒，但从爱因
斯坦的经典相对论角度来看，势垒非自由空间——物体可
自由移动的空间。从形式上讲，构成粒子的波函数在势垒
中变成了虚数，因为粒子能量小于势能。因此，粒子实际
上并不存在于势垒区域。

其二，时下可以用渐逝波传递来解释超光速隧穿效应。
在这种情况下，脉冲波穿过势垒时，其在后方受到的阻尼[1]
比前方大。这样一来，势垒后方的脉冲会出现变形，进而
造成这一脉冲最高峰（此处至关重要）比没有势垒的脉冲
最高峰更早到达势垒另一侧。但这与脉冲信号信息（此处
为 1 比特）的传输无关，因为势垒另一侧的探测器首先看

---

[1]　使自由振动的振幅随时间逐渐衰减的特性。——编者注

到的是脉冲尾部，即脉冲信号的第一次上升沿。如果探测器探测到信号，那么信息的传播就已经实现了。但恰恰是脉冲尾部由于阻尼作用而在时间上保持不变，这一点可以通过实验来证明。隧道势垒的阻尼只抹掉了脉冲宽度及最高峰，而不应由信息反向确定脉冲尾部。因此，信息的传输速度保持不变。这正是我们所处世界的关键之处：信息的传输速度永远不可能超过光速。这可确保宇宙中的因果关系，我也曾把这种因果关系称之为"构建宇宙的筑基水泥"。

因此，与其说："宇宙真空中没有什么东西比光速更快！"不如更准确地说："宇宙真空中没有什么比光速能更快地传输信息！"这才是爱因斯坦相对论的本质，超光速隧穿并没有改变这一点。

正如爱因斯坦在研究相对论的复杂性时所说："上帝是狡猾的，但他并无恶意。"同样，相对论本身也是绝对合乎逻辑的。

"科学就像一艘船，我们用它保持漂浮的同时，也在一块一块地重建这艘船。"

奥图・纽拉特（Otto Neurath，1882—1945）

奥地利维也纳学派哲学家

是否存在永动机？

这世上有一些原则，例如不可能存在永动机，但是科学家们却对此充耳不闻。这是为什么呢？

2013 年 11 月 12 日，《法兰克福汇报》的技术专栏刊登了一篇文章，介绍了托马斯·恩格尔（Thomas Engel）的一项发明。我由此受到启发并联想到这一话题。这篇文章写道，恩格尔发明了一种新型发动机，可以在没有任何燃料的情况下永久运行，其原因未知 [1]。

我们试着解释下这个让物理学家都费解的量子磁电机。不仅媒体会在文章中不停指责物理学家（例如在有关托马斯·恩格尔"量子引擎"的文章中），就连民众也如此：这群物理学家怎么能如此固执，当永动机作为真正的引擎出现在眼前并且不停地运转时，他们怎能对此表示怀疑呢？

---

[1]　https://www.psiram.com/de/index.php/Magnetmotor_nach_Engel.

起初，物理学家的回答还算正式：如果永动机存在，它将是一个能够从无造有、源源不断提供能量的机器。功是能量转化的一个物理量。因此，永动机也可以通过做功产生能量。但是，正如我们将在下文中看到的那样，这违反了宇宙的基本属性。因此永动机必然在某处配有一个外部能量源。鉴于上述原因，所谓的永动机只不过是一个普通的发电机。

现在，我们来详细了解一下两种不同类型的永动机。

第一类永动机

第一类是完美永动机：能够从无造有、源源不断提供能量。基督教神学中也有"从虚无中创造"的说法。列奥纳多·达·芬奇（1452—1519）也受到这一理念的影响，认为完美永动机是可以实现的，他还发明了几个装置来证明这一点，不过最终还是失败了。究竟为什么没能实现呢？

通常来说，这是由于物理学中的能量守恒定律。该定律认为，在一个封闭的物理系统内（即能量或其他任何物质都不能进出），例如永动机，能量既不能产生也不能被破坏。人们也许会理直气壮地问：为什么这个定律永远适用？其实，还有一个更深层次的原因：能量守恒定律以及其他经典物理学的守恒定律必须始终适用。

诺特定理在守恒定律和宇宙基本属性之间建立了一种关系：能量守恒基于时间同质性（物理时间总是均匀的），动量守恒基于空间同质性（空间在所有点上表现相同），角动量守恒基于空间各向同性（空间在各个方向上表现相同）。因此，如果能量守恒定律不再适用，那么时间将不再均匀（请注意时间本身。若均匀运行的时间受到外部影响，其运行过程会时快时慢），我们再也不能依赖世间万物。在没有外部干预的情况下，时钟会在某一时刻突然摆动得特别慢，下一时刻却又摆动得特别快。地球围绕太阳运行时，在某一瞬间会突然减速（在较长的时间内运行穿过轨道上的某段距离），在另一瞬间会突然加速（在较短的时间内穿过相同的距离）。离心力亦会随速度的变化而变化，这将导致地球在某个瞬间非常接近太阳，此时海洋便会蒸发，然后在另一瞬间再次加速运行，日地距离随之增大，以至海洋终将冰封。幸运的是，这一切都没有发生。我们所处的世界，一切都恰到好处。这就是第一类永动机不可能存在的原因。

第二类永动机

　　第二类永动机就比较微妙了。这一类永动机是基于以下理念——在无须做功的情况下将均匀分布在空间中的热能进行不均等分配（例如利用麦克斯韦妖[①]来实现），并利用这种不均等分配来驱动机器，即产生能量。空气钟及饮水鸟就属于第二类永动机[②]。第二类永动机也不可能存在，毕竟它有违热力学第二定律。根据该定律，一个封闭系统内的熵永远不会减少，所以不可能存在麦克斯韦妖，因为通过再分配所消耗的能量不会超过通过再分配所产生的能量。人们有理由怀疑热力学第二定律的普遍适用性。同样，这背后还有更本质的东西。物理学界的假设：世间万物的存在都不以目的论为导向——不存在其他更高等的生物（如麦克斯韦妖或其他神灵），以有针对性的方式和能量消耗来控制世界的进程，一切必须纯粹是偶然的产物。由此可知，热力学第二定律是基于这个假设。因此，从假

[①]　麦克斯韦妖是在物理学中假想的妖，能探测并控制单个分子的运动，于1871 年由英国物理学家詹姆斯·麦克斯韦为了说明违反热力学第二定律（第二类永动机）的可能性而设想的。——译者注

[②]　http://www.hp-gramatke.de/perpetuum/german/page0100.htm.

设我们的世界一切正常的角度来看，不可能存在第二类永动机。

结论

如果我们世界上的一切都是光明正大的，那么所有的永动机，包括托马斯·恩格尔的"量子磁电机"，终将只是伪永动机。换言之，表面上的永动机其实并不是封闭的系统，而是经常以微妙的方式与环境相互作用并从中汲取能量，从而使其不停运转。因此，想要揭开这一所谓的永动机的真面目，只需将它与外部世界完全隔离开，然后它就停了。

上帝是狡猾的，但他并无恶意

如果以越来越小的尺度（距离）观察物理学的基本定律，包括守恒定律，那会非常有趣。当尺寸缩小到原子级别之前，一切定律都保持不变。一旦进入原子领域，经典定律就不再适用，需遵循量子力学定律。根据海森堡不确定性原理，量子力学定律允许违反空间和时间的同质性和各向同性。

这种违反行为同时又违反了相应的守恒定律，哪怕这只发生在一个极其微小的尺寸内，也就是说尺寸小到普朗克常数那般。试想一下，风吹过平静的湖面泛起涟漪。从离湖面很远的地方看，湖面是光滑的（对应能量守恒）。当你靠近湖面时，才会看到微小的波动。同理，在经典守恒定律范围内的更大的尺度上，这些随机的量子力学违反行为就可忽略不计了。

顺便说一下，狭义相对论的基本原则是"在真空中没有什么东西比光速更快"，在量子层面却不再正确。在所谓的超光速隧道中，粒子能够以超光速跨越原子距离。但即使是这样微不足道的违反行为也会引发一大问题：根据狭义相对论，这违反了我们世界中的因果关系。例如，决斗时对手在你扣动扳机之前就已经死了，或者灯在你按下开关之前就亮了。从逻辑上讲，即使是微不足道的违反行为也会产生荒谬的后果。然而，事实证明（如参阅作者《隧道效应——没有时间的空间》一书），超光速隧道不能以超光速传输信息，因此因果关系不会被颠倒（爱因斯坦的狭义相对论根本不是量子理论，在微观尺度上也会出错）。用哲学家大卫·休谟（1711—1776）的话来说，因果关系是构建整个宇宙的筑基水泥，从未被违反。因此，欧洲核子研究组织的物理学家于 2011 年提出中微子在远距离飞行时可以超过光速。起初大多数物理学家对此表示怀疑，但后来却被证明是正确的 ①。

---

① http://www.spiegel.de/wissenschaft/mensch/ueberlichtgeschwindigkeitdas-
web-lacht-ueber-absurde-neutrino-witze-a-788156.html.

疯狂的自然界

"我们出发去探索月球，却发现了地球。"

威廉·安德斯（William Anders，1933—）

1968 年 12 月，阿波罗 8 号宇航员

为什么月球会产生两次涨潮而非一次?

月球每24小时绕地球一周，因此它产生的潮汐也应该以同样快的速度绕地球一周。事实上，24小时内有两次涨潮。这是为什么?

在我长期以来收到的众多信件中，一封来自苏黎世的托马斯·舍勒（Thomas Schärer）先生信写得格外有趣。他在信中写道，他听说雷达测量结果已证实，随着时间的推移，月球会离地球越来越远。但这与人类的直觉相悖，他继续写道，绕地卫星由于残余大气层的阻力逐渐变慢，进而逐步靠近地球，直到燃烧殆尽；同理，月球也会被潮汐力拖慢，应该逐渐向地球靠近，而非远离地球！对此，舍勒先生并没有质疑雷达测量结果的正确性，而是询问这一推理究竟错在哪里。他恳求不要用公式解释，而是尽可能简单地加以描述阐释。于是，我这样回信道：

亲爱的托马斯，人的直觉并不总是可靠的，而且在你的想法中确实存在逻辑错误。这也难免，毕竟这个问题确实有些棘手，所以我希望跟你细细道来。

地球大气层效应

以距离地球 400 千米的国际空间站为例，空间站以每小时 28000 千米的速度围绕地球旋转，与任何圆形轨道一样，由旋转速度引起的向外离心力与向内的引力一样大，而向内的引力是地球表面引力的 91%。此外，宇航员在航天飞机上经历的失重状态，并不像大众认为的那样是完全摆脱引力的结果，而是因为离心力正好和地球引力相互抵消。

如果不是在 400 千米的高度上还残余少量大气层，国际空间站就将永远绕地球运行。正因如此，国际空间站的速度才会逐渐变慢。由于运行速度下降，离心力也会随之降低。随后，地球引力会略大于离心力，空间站因此缓慢靠近地球，进入更厚的大气层。在这一过程中，其运行速度被不断增加的大气密度拖得更慢，直到大约 250 天之后坠落到地面并燃烧殆尽。因此，国际空间站必须定期提速以回归轨道初始高度。

现在让我们将目光转向月球：月球到的地球平均距离

为 38.4 万千米，远离地球大气层，因此不会受其影响而降低运行速度。即使是"仅"距地球 36000 千米的地球静止轨道上的广播卫星实际上也不会受到残余大气的影响。在这样的高度，就连卫星也只会在数百万年后才会进入大气层并燃烧殆尽。因此，月球的运行速度也完全不会受地球大气层的影响。但它与地球之间产生了一种完全不同的相互作用。

重力 + 离心力 = 潮汐力

这是因为潮汐力的存在。潮汐力究竟是如何产生的？首先我们应该考虑到，地球和月球围绕一个共同的质心旋转，这个质心与地球中心并不重合，而是距离地球中心大约 4700 千米的地方，朝向月球，但仍位于地球范围内（见下页图）。

月球同步绕着地球的共同质心旋转，看起来像是在"瞎转"。这适用于以下情况：只有恰好在地球中心时，月球的引力和离心力通过围绕共同的质心旋转而相抵。然而，相对于地月距离而言，地球更大。因此，这两种力只在地球中心才会相抵，偏离一点儿都不行：在面向月球的一侧，月球引力更强一些，毕竟这一侧离月球更近；反之，在背向月球的一侧，月球引力弱于离心力（见下页图）。因此，

月球每27天绕地球公转一周，实际上月球和地球是围绕一个共同的质心运行，这个质心位于地球内部的连接线上，距离地球中心约4700千米，图中用通过质心的共同旋转轴来表示。在潮汐力作用下产生了两个潮汐峰：分别位于地球的正面和背面。（图片来源：乌尔里希·沃尔特）

有两个合力，在朝向月球的一侧会有一个较大的引力将地球面向月球的这一侧拉向月球，而在背向月球的一侧会有一个较大的离心力将地球背向月球的那一侧拉离月球。这两个作用于相反方向的合力被称为潮汐力。

地球像一个橄榄球

在这两种力的作用下，地球稍稍膨胀，呈略微椭圆形；这使它看起来就像一个橄榄球，其纵轴指向月球。在潮汐周期中，土地高度提升了40多厘米。但是我们根本不会意识到，因为周围的一切也在上升和下降，完全没有参照点。

潮汐力的产生：只有在地球中心点 B 处，月球引力和地月旋转的离心力才会完全相互抵消。在朝向月球的一侧（A 点），月球引力更强，而背向月球的一侧（C 点），离心力大于月球引力。由此产生的合力就是潮汐力。（图片来源：乌尔里希·沃尔特）

海洋则不同，因为水可以随着潮汐力的变化而发生形状变化。因此，在地球朝向月球的一侧产生了一个不同于一般大小的水驼峰（涨潮），而在地球背向月球的另一侧则产生了第二个相同大小的水驼峰。海水因此从地球上更遥远的地方被吸走，地球会有两个涨潮而非人们天真想象的一个。地球每 24 小时旋转一周，在这 24 小时内也会有两次而非一次涨潮。

顺便说一下，由于地球引力，月球也略微呈橄榄球形状。然而，它的纵向延伸仍然是固定的，因为月球并没有绕地球公转，而是伴着地球对转——月球总是以同一侧面对着我们。

"大家都知道月亮就是奶酪做的。"

华莱士与阿高

漫画人物

再见了，月亮！

为什么以前一天只有 10 个小时？我们终将失去月球。

上一章阐述了为什么地球有两次不同方向的涨潮，而不是想象中的只有一次。这就解释了为什么 24 小时内有两次而非一次涨潮。

月球加速度：由于地球自转，潮水也随之一起转，并以一定的角度领先于潮汐力。在朝向月球一侧的潮汐力和月球间微弱的附加引力的作用下，月球在轨道方向上产生一个有效的加速力 F。（图片来源：乌尔里希·沃尔特）

涨潮使地球减速

现在变得有趣极了！如上页图所示，这两次涨潮又会反过来影响地球和月球。由于水有韧性，两次涨潮便会减慢地球旋转速度，即地球的自转速度在平缓降低。尽管这种潮汐制动器产生的功率已达 50 亿马力，但地球自转的能量巨大，即使在 10 万年之后，这种制动力也只会导致一天的长度增加 1.6 秒。不过在数百万年后，这一增幅就变得比较明显了。例如，通过"珊瑚钟"（珊瑚化石的生长线取决于季节和一天的长度。虽然珊瑚化石的季节生长线在数百万年中始终保持不变，但日生长线却发生了变化。根据两者的比例便可确定一天的长度）可知，4 亿年前的一天只有 22 个小时；此外，藻类化石的研究证明，20 亿年前地球的一天甚至只有 4 个小时。

现在让我们更仔细地研究一下。地球自转涉及转动动能和角动量。如果地球自转速度降低，其转动动能和角动量也会减少。然而，根据物理学守恒定律，在"地球加月球"的封闭系统中，转动动能和角动量始终是守恒的。那么地球自转时那些多余的转动动能和角动量去哪儿了呢？

首先来说说转动动能。与角动量相比，转动动能具有一个特殊性质——它可以转化成不同形式。这正是多余的转动动能的作用。转动动能通过潮汐摩擦转化为热能，进而使得海洋的温度在不知不觉中升高。这种热能在夜间又被辐射到宇宙中。

涨潮使月球加速

通过这些多余的转动动能的剩余部分，地球可使月球加速。这是如何做到的？因为海水具有轻微韧性，潮峰并不完全位于地球中心和月球中心的连接线上，而是受地球自转的影响，略微领先于月球的运动方向。在朝向月球的一侧，在潮峰与月球之间极低引力的相互作用下，地球对月球的引力恰好不指向地球中心，而是微微指向朝向月球一侧涨潮的方向，因此月球在运转方向上得以加速（见第98页图中的力 F）。只是这一加速非常轻微，但起码有。

机械性思维的人也可以对月亮和地球之间的相互作用进行如下想象：在潮汐和月球间引力的相互作用下形成了一个长长的杠杆臂，可以将这一杠杆和水韧性看作一种制动液，月球慢慢地减缓了地球的旋转速度；反之，通过制动液和杠杆,地球自转亦会对月球产生一个扭矩,使月球在运转方向上得以加速。月球轨道速度略高会导致离心力略高,该离心力略大于地球引力:因此,月球非常缓慢地向外漂移,远离地球。

月球正在远离地球

过去,这种月球逃逸现象可以通过雷达测量来追踪;如今,还可以用激光进行更精准的验证。阿波罗 11 号宇航员在登陆月球期间安装了激光反射器(反光信号装置,可以将光线精准地反射回发出地),因此可以通过反射的激光束精确地测量地球和月球之间的距离,精确度可达厘米级。测量结果显示,目前月球正以每年 3.8 厘米的速度远离地球。这与北美由于大陆漂移而远离欧洲的速度大致相同。

这是月亮逃逸现象的一种观点。还有另一种观点,毕竟,除了转动动能之外,多余的角动量也不见了,它必定有一个去处。在封闭的地月系统中,有三个因素会影响总角动量:地球自转、月球自转,以及月球绕地球公转。众所周知,月球自转是恒定的,并且月球自转与月球绕地球公转同步，人们称其为"锁定"，就像水星围绕太阳公转时其自转亦被"锁定"一样。为何会发生这种情况？这是另一个很有意思的问题，但此处不再深究。

如果地球自转的固有角动量缓慢减少，那么月球绕地球公转的角动量就必须随之增加，否则就违反了角动量守恒定律。这样一来，旋转速度较慢的地球其多余角动量缓慢迁移至月球绕地公转的角动量。由此可知，"月球绕地球公转"的角动量只能随地月距离的增加而增加（从数学角度来看，"月球绕地公转"的角动量与地月距离的平方根成正比）：因此，月球必然在远离地球，这是地球由于潮汐制动自转速度越来越慢的结果。这种逃逸加上地球自转速度减缓将一直持续下去，直到地球自转速度与月球绕地球公转速度达到相同。只有这样，潮汐摩擦才会停止，从而不再需要进行角动量交换。

于是，好似魔法一般，一切又重新组合在一起。一部分转动动能迁移到了月球旋转轨道上，从而符合了角动量守恒定律。当然，这肯定不是魔法。所有这些过程都通过方程式在数学上联系起来，两者缺一不可。不过我不想再搬出方程式，而是想通过文字给出一个易于理解的阐述。在尚未完全弄清事实真相之前，许多事情看起来就像被施加了魔法一样，生活中这样的例子比比皆是。最好把这些问题留给物理学家，我们就单纯感受一下它们的神奇即可。

"第一还是第二天，我们看到了祖国。第三还是第四天，我们看到了大陆。而到了第五天，我们只看到了一个地球。"

苏丹·本·萨勒曼·沙特 （Sultan Bin Salman al-Saud, 1956— ）

1985 年 6 月乘坐航天飞机飞上太空的宇航员

为什么地球是蓝色的?

为什么海洋是蓝色的, 月食却是红色的? 这两者有联系, 但与你想的可能有所不同。

亚历山大·格斯特 (Alexander Gerst, 1976—　) 给他的第一次空间站任务命名为"蓝点", 因为在浩瀚的黑色太空中, 地球像是一个闪闪发光的小蓝点。下图展现了蓝色地球背景下的国际空间站。

蓝色地球背景下的国际空间站, 图中深灰色的就是空间站。(图片来源: 美国国家航空航天局)

地球如此之蓝的原因在于海洋。地球表面71%被水覆盖，发出奇妙的蓝色光芒。可是为什么是蓝色？直到三年前，我压根儿都没想过这个问题，我也和大家的想法一样：这还不是因为水是蓝色的嘛。连潜水员也看到水是蓝色的，甚至我们自己只要抬头望向泳池都能回答：水是蓝色的。其原因是：水分子吸收了白光中的红色光波，这样的话只留下了蓝色光波，所以就显出蓝色了。水越少，效果越不明显。这就是倒进杯子里的那点水不会呈现蓝色的原因。真的是这样吗？是，也不是！

为什么海底的水是蓝色的？

海水呈蓝色的原因在于水分子的振动。水分子有两种振动延伸形式，被射入海底的白光中的红色光波的激发，吸收了红色光波，这样的话只留下了其余的光波，即人们所能看到的蓝色光波。因此，你潜得越深，水就越蓝。单就这一点，上述假设是正确的。露天游泳池的水也是蓝色的，但这却是因为水池壁和底部被涂成了蓝色，仅少部分蓝色是由于红色光波被吸收而显现的。

为什么从太空看到的海洋是蓝色的?

但是，从太空看到的蓝色海洋绝不可能是因为红色光波被吸收后而向上反射蓝光，更不是因为海底有蓝色的底部和墙壁。在一次圣诞聚会上，一位业界同事就曾提出这个问题，我当时也答不上来。幸运的是，其他同事在研究地球上的光照条件时开发了一款名为 libRadtran 的程序，可用于计算地球大气层中的光辐射和热辐射。随后，他们便发现了从太空看到的海洋是蓝色的原因。

这是因为海水反射了天空的蓝光，天空是蓝色的! 但随之又产生了一个新问题: 为什么天空是蓝色的? 现在几乎所有人都知道答案: 因为大气分子对太阳光进行散射，即瑞利散射 ①。也就是说，光波击中空气分子 (氮气分子或氧气分子) 并垂直于入射方向被散射开来，其中蓝色光波被散射得尤为厉害。因此，如果抬头望向太阳周围的蓝天中的某个点，那么射入眼睛的蓝光就是从太阳射出的蓝色光波，是被视线方向的空气分子散射到眼睛里的。

①　又称"分子散射"，粒子尺度远小于入射光波长时 (小于波长的十分之一)，其各方向上的散射光强度是不一样的，该强度与入射光的波长的 4 次方成反比 (波长愈短，散射愈强)，这种现象被称为瑞利散射。——译者注

如果在太空上，这道来自天际的蓝光会直接射入眼睛，就像直接射向地球一样。一方面，未直接射入眼睛的蓝光看起来就呈浅蓝色（见本章上文所示空间站图片）。另一方面，这些蓝光也可先经由海面反射再射入眼睛。这种情况下，就是深蓝色的，毕竟这时光几乎垂直来自"下方"。其余部分是云，就像在地球上一样，云会散射所有的光线，因此看起来是白色的。

为什么夕阳是红色的？

当蓝色光波和少量绿色光波从白色太阳光的侧面被散射出来，天空呈现蓝色，那么剩下的就主要是红色光波了，它们留在了太阳光束中。这就是日落时分会看到红色太阳和红色晚霞的原因。也就是说，夕阳的红光没有直接射向眼睛或地面，而是先进入大气层再从大气层中散射出来。

在月球上观月食！

因此，在地球身后很远的地方，也就是在地球本影的中心，可以看到有一个血红色的大气环围绕地球。这正是宇航员在月食期间从月球看向地球时会看到的情景。这是太阳系中一大奇观，也是我希望有朝一日能飞往月球的重要原因。然而至今仍未实现（迄今为止登月的 12 名宇航员都没能赶上这一景象），那就只能退而求其次了：在月食期间，血红色的光从月球表面反射回地球，因此月球呈现出如此漂亮的红色。

"天空就是我的标尺。"

拉丁文格言

绿光的秘密

　　美丽但罕见的自然现象——绿光。到目前为止，很少有人看到它，这一自然奇观的背后藏着怎样的秘密？

　　小时候，父亲告诉我一件非常奇妙的事情：太阳落山前会出现绿色的闪光。有一次我们去波罗的海度假，晚饭时常常能看到日落，我一直试图捕捉到这种奇迹般的绿色闪光。可惜的是，像大多数西欧人一样，我至今仍未有幸亲眼见到。不过，如今我已然知晓其中缘由。

　　首先，绿光确实存在。想要了解究竟何为绿光，必须目睹一次。网上有一则在加利福尼亚圣迭戈拍摄的关于绿光的绝美视频，相信很多人都已看过。下文附上一张关键的视频截图。

唯美的绿光景象（黑色地平线上闪现绿光）

图片来源：You Tube 视频分享网站

大气中的弯曲光线

此外，要想了解绿光（国际上习惯称之为green flash）现象，还需知晓其中所蕴含的物理学原理。在两种介质的交界处，光向密度大的介质偏折。因此，当光从空气中射入水中时，会发生折射现象。大气层的密度是随着高度的增加而不断变小，这就是即使光线平行于水面射出时也会发生连续折射的原因。因此，光一定会向密度大的介质偏折（然而，光并不像有些人想象的那样发生衍射。在物理学上，光的衍射是另一光学现象，仅发生在缝隙和边缘处）。

在白天，太阳几乎垂直于地面，所以太阳光基本没有偏折。然而，日落时，太阳光几乎是水平地穿过大气层，从光的投射位置来看，密度较大的大气层位于底部，因此太阳光射向地球一定会发生偏折，只是偏折程度不同。众所周知，白色的太阳光由连续光谱组成。肉眼可见的光中，红光的偏折角度最小，黄光较大，绿光最大。不同色光的折射率如下图所示：

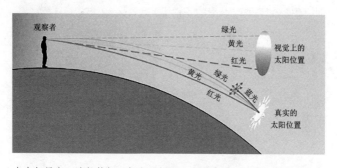

在大气层中，波长越短（颜色更绿），光线（全线）偏折角度越大。肉眼可见的光中，长波红光的偏折角度最小。因此，在太阳光线中，颜色偏绿的光看起来像是从更高的地方射出。蓝光被散射到光束路径的侧面，形成漫反射的天空蓝。（图片来源：乌尔里希·沃尔特）

蓝光去哪儿了？

即使蓝光的偏折角度较大，但日落时也看不到蓝光，这是因为蓝光在穿越大气层时发生瑞利散射而从侧面射出。

正如上一章所述，正是这种蓝色的散射光形成了日间的天空蓝。

这与绿光的情况类似。在非常朦胧或充满细尘和颗粒物的大气中，如欧洲地区，光线就会发生米氏散射[①]。因此，在并不纯净的大气中，夕阳的颜色总是介于红色和橙色之间。只有当大气非常纯净并且太阳也恰好落在远处海平面时，譬如在太平洋沿岸的圣迭戈，才能看到绿光。尽管如此，想要看到绿光还需要一点儿运气。不仅远处的地平线上空不能有云，而且沿着整个散射路径，空气必须是平静的，即不能有大气湍流。只有在这种情况下，才能在日落时看到绿光。

如何感知绿光？

为什么绿光会出现在太阳上方，而黄光和橙黄光在中间，红光在太阳底部？若光线如上页图所示的那样在视网

[①]　当大气中粒子的直径与辐射的波长相当时发生的散射被称为米氏散射。这种散射主要由大气中的微粒，如烟、尘埃、小水滴及气溶胶等引起。米氏散射的散射强度与频率的 2 次方成正比，并且散射在光线向前方向上比向后方向上更强，方向性比较明显。——译者注

膜上成像，那么呈现在你眼前的就是一个彩虹色的太阳，且正对着你。因此，绿光出现在"上方"是因为它的偏折角度更大，而红光则恰恰相反。此外，所有的光线都向下弯曲了大约半度的弧度（该角度符合太阳的直径）。事实上，当太阳下缘触及地平线的那一刻，太阳已经落山了，但我们还能看到它！

真正的绿光是太阳完全消失前的最后一道微弱的绿色光芒。在此之前，在太阳圆盘上方的一个较小的独立区域有时也会出现两到三次绿色闪光。只要大气中出现温度分层，就会发生这种情况。白天，地表因太阳光照而升温，但地表上方约 10 千米处的对流层通常温度较低。再向上的平流层，由于臭氧吸收紫外线，大气温度再次回升。接着向上直至延伸到地表上方 100 千米进到中间层，温度再次下降。然而，仅对流层内部也可能存在异常的温度分层，即逆温。由于温度层不同大气密度就会不同（冷层密度大，暖层密度小），因此在每个不同温度层的低层区域就会产生不同的偏折率，从而呈现出各自的太阳平面图像，在日落时看起来似乎与实际的太阳圆盘分离。这样一来，就会看到几个虚拟的日落，且每一个都能产生一点儿微弱的绿光。在下页图中，最上方的那个亮点就是一点儿小绿光，在原图中是绿色的，这里是白色的。

日落。夕阳因大气逆温层的影响而出现分离现象，最上面那层产生了绿光。拍摄于加利福尼亚州旧金山市。（图片来源：布罗肯·因阿格洛，知识共享署名－非商业性使用－相同方式共享协议）

"我们对理解的渴望是永恒的。"

阿尔伯特·爱因斯坦

现代物理学家

大黄蜂违背物理学了吗？

据说物理学家已经证明，大黄蜂在理论上根本不会飞。那它们是如何做到的呢？

我不敢相信自己的眼睛。我最近在《南德意志报》的知识专栏中读到了一篇文章，题为《大黄蜂身边旋涡众多》："如果大黄蜂是一架传统飞机，那么在这样的条件下转瞬就会坠机。正因为大黄蜂就像是飞行艺术家，湍流风对它才没有影响。"

都市传说

又是一个都市传说——根据物理学定律，大黄蜂应该不会飞行。或者说得好听一点：物理学家已证实大黄蜂不具备飞行能力。这简直像个古代神话。类似的传说还有"我们从未到过月球"或"因纽特人对冰雪最有发言权"或"特氟龙涂层锅取材于航天材料"。

关于大黄蜂的神话可以追溯到 1934 年。当时，昆虫学家安托万·马格南（Antoine Magnan，1881—1938）在他的著作《昆虫的飞行》（*Le Vol des Insectes*）中引用了其助手、工程师安德烈·圣拉吉（André Sainte-Laguë，1882—1950）的观点：从大黄蜂的飞行速度来看，其原生翅膀可产生的上升力太小，不足以承担其自身重量。因此，大黄蜂实际上根本不可能飞起来！

当然，这仿佛就是一个为技术怀疑论者定制的绝佳笑柄，因为它再现了如下观点：大自然比所有自然科学家加起来还要聪明（据统计，在德国有这样想法的女性是男性的两倍），这样的话，大黄蜂就成了飞行艺术家并把所有物理学家都比了下去（显然《南德意志报》也持这样的观点）。

这一飞行模式不可复制

那么，大黄蜂或一般飞行昆虫的情况究竟是怎样的呢？许多人，包括物理学家和工程师在内，都会出现的思维误区是：世界上的现象是可以任意套用的。也就是说，我们在身体尺寸的标准内（约 1 米）所了解到的现象，在宏观背景下（宇宙）和微观背景下（微生物世界）也应该是相同的。

但偶尔会事与愿违。例如，众所周知，金块是亮闪闪的金黄色，而金纳米粒子是深红色的。

这种情况与飞行现象类似。折过纸飞机的人都知道，纸飞机的飞行方式与滑翔机就有所不同，所以这两种飞机的构造方式也完全不同。因此，相比之下更小的大黄蜂的结构与飞行方式肯定也跟纸飞机或滑翔机不同。其深层的物理原因是所谓的雷诺数，不过你不必担心，即使不懂雷诺数，我们也能理解大黄蜂的飞行方式。

动力战胜了静力！

尽管工程师安德烈·圣拉吉的观点原则上是正确的，即一只滑翔的大黄蜂不能产生足够的升力来支撑它飞行或盘旋。但它也不是在滑翔，而是每秒拍打翅膀20至600次。这显然是完全不同的概念。这样一来，滑翔机或纸飞机的所谓的静止飞行状态（机翼周围的流动条件始终相同，参阅本书"飞机为什么会飞——下沉气流带来的浮力"及"飞机为什么会飞——浮力的物理学原理"两章）就变为动态飞行状态（机翼周围的流动条件不断变化）。

这正是问题的关键所在。运用动力与静力，我们可以完成截然不同的事项。骑自行车就是一个很好的例子。如果你不做什么就把自行车本身立在地面上的话，它肯定会倒下。因为车轮安放的平面实则只是一条线，即车轮接触地面的两点之间的那条线。如果把自行车完全立着放置，使平衡重心正好在这条线上，只要有一丝风吹草动就足以使其重心稍稍偏离，从而翻倒在地，这就是静力。但如果你坐在自行车上骑行并做出正确的转向动作，就不会摔倒。从这一点看，动力就战胜了静力！许多原本行不通的事情只有在动力作用下才能得以实现。

另一个鲜明的例子就是走路。从静力学角度来看，人在行走时的姿态都是不稳定的。我们可以找出一张行人走路的照片来看看：无论抓拍于哪个时刻，在这样的姿态下，行走的人都看起来仿佛会向两侧或向前倾斜。但我们在幼年时，就学会了将许多次这样的状态，也就是将在静态不稳定的状态连贯而熟稔地串联，为的是能够动态稳定地行走。

那么，大黄蜂是如何利用动力学原理来飞行的？尽管从静力学来看，以它们这样的体形大小应该是完全行不通的。

大黄蜂到底做了什么？

众所周知，大黄蜂拍打翅膀的速度非常快，不是一动不动或者像鸟一样挥动翅膀（准静态）。原则上，至少要有两种可能性。要么让翅膀快速旋转（这就是直升机的原理），但需要一个旋转轴才能实现。然而在自然界中并不存在这样的情况，至少在昆虫身上没有。要么在盘旋时同步来回扇动翅膀。正如上文所述，大黄蜂每秒可以挥翅 20 到 600 次！

但不止如此。它们向下扇动翅膀的冲程要比向上扇动翅膀的冲程短（中下图所示）。每拍打一次，大黄蜂就转动两个翅膀，使翅膀的前缘始终指向前进的方向。

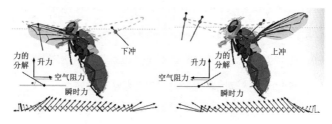

在盘旋时，大黄蜂这类飞行昆虫，就以下冲（较低）和上冲（较高）交替的方式快速来回地扇动翅膀。变化的翅膀攻角可借由图中"大头针"形状的指示图形来标记方向，其中"大头针"的头部是相应的翅膀前缘。通过攻角和旋涡的形成（此处未显示），产生了瞬时力（图示下方），可以分解为空气阻力和升力。（图片来源：乌尔里希·沃尔特和知识共享署名–非商业性使用–相同方式共享了 3.0 版许可协议）

通过旋涡增加升力！

那么，一只昆虫是如何快速拍打翅膀，而不是单纯用不动的翅膀，来产生更多升力的？对此，我们来简单回顾一下飞行的普遍基本原理（参阅本书"飞机为什么会飞——下沉气流带来的浮力"及"飞机为什么会飞——浮力的物理学原理"两章）：为了能够飞行，飞机必须产生向下的（加速）气流，根据牛顿第二定律，气流会产生一个反作用力（也就是升力），将飞机向上推升。

但对于大黄蜂来说，纯粹滑翔所产生的气流不够。可是不管怎样它飞起来了，所以快速拍打翅膀，一定比在空中做同样相对运动的纯滑翔飞行，能带来更强的气流。（顺便说一下，鸟类，如猎鹰，在空中盘旋飞行时也会拍打翅膀，但由于体形大小不同，其拍打频率不如飞行昆虫高）。要理解这一点，我们必须观察翅膀周围的气流情况。以昆虫翅膀的尺寸大小，在它翅膀攻角大概为 $45°$ 的条件下，如此扇动翅膀将导致翅膀前缘失速，反过来又导致在翅膀前缘的上端形成空气旋涡（所谓的前缘涡）。在攻角较大的情况下，后缘上方也会如此。这种看不见的旋涡就像龙卷风旋涡或浴缸中的排水旋涡，在拍打的短时间内会产生额外的低压，继而产生升力。

旋涡使飞机坠毁，却使大黄蜂飞行

对于正常飞行的飞机来说，这种失速是延迟的（所谓延迟失速）。但在某些时候，旋涡也会在机翼的尾流中断裂并消失。由于这种完全失速，飞机完全失去升力而最终坠毁。但这种现象不适用于昆虫。在拍打翅膀的短时间内，旋涡仍然存在。昆虫快速地来回拍打翅膀不断产生这种升力旋涡，并且，这些旋涡在一次次拍打中相互融合。旋涡的持续产生与融合是产生升力的两个关键因素。

还有不同的方式

简单的上冲和下冲是飞行昆虫最简单的翅膀拍打运动，但还有一些不同的拍打方式可以产生额外的旋涡升力。下图展示了不同飞行昆虫的多种拍打方式。

而且，蜻蜓不是在水平方向上拍打翅膀，而是大约与水平面呈45°。这样一来，下冲力会全部转化为升力，而相应的上冲则必须产生下压力。但由于它在上冲过程

中使翅膀沿冲程方向转动，所以既没有下压力，也没有
空气阻力。我们在游泳时也是这样做的。在向前划时，
我们将手掌的方向与水流的方向保持一致；而向后划时，
则将手掌与水流的方向呈90°，以便我们尽可能地将水向
后推。

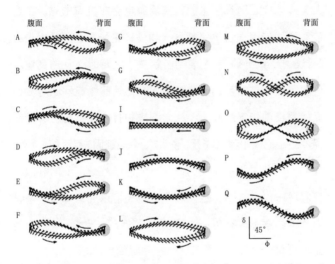

不同形态的飞行昆虫翅膀尖端的运动轨迹各不相同。（图片来源：弗
里茨 - 奥拉夫·勒曼和西蒙·皮克，《实验生物学杂志》，2007 年，
第 210 期，第 1362—1377 页）

大黄蜂也能应对湍流

现在让我们再来回顾《南德意志报》上那篇引发我对大黄蜂飞行思考的文章。上面写道："如果大黄蜂是一架传统飞机，那么在这样的条件下转瞬就会坠机。正因为大黄蜂就像是飞行艺术家，湍流风对它才没有影响。"这篇文章的起因选自星级期刊《物理评论快报》（Physical Review Letters）新发表的一篇关于大黄蜂飞行的文章，引起了媒体界的轰动。这篇文章介绍了前缘旋涡和尾流捕捉能够提供稳定的升力，让大黄蜂和其他飞行昆虫可以在强烈的湍流风中保持飞行，除此之外，没有任何新的发现。好吧，现在这并不令我们惊讶，因为湍流是混乱的旋涡，我们现在知道它不一定会破坏甚至还可以加大升力。亲爱的《南德意志报》啊，这与大黄蜂的飞行艺术无关，而是纯粹的物理学。

"科学是我们已经知道的事情，哲学是我们还不知道的事情。"

伯特兰·罗素

英国哲学家

什么是表观遗传学?

　　人类和动物的特征不仅可以通过基因遗传,还会受到表观遗传学机制的影响。这是怎么回事呢?

　　我们在学校所学到的是:所有的生物特征,以及我们性格和社会特征的很大一部分,都是通过基因遗传的,甚至我们的本能行为也是由基因控制的。"我们是基因的奴隶",著名的演化生物学家理查德·道金斯(Richard Dawkins,1941—)在他的《自私的基因》一书中如是说,他在书中唤醒了基因的力量。

达尔文主义

　　虽然这是正确的,但也并不完全是对的。大自然比人类迄今为止认为的还要复杂。它也必须如此,因为如果生物进化仅仅遵循达尔文原则,准确来说,是今天广为流传的达尔文主义变体，即现代综合进化理论（新达尔文主义），那么生物体可能会对环境变化的反应过于僵化。为什么呢？因为根据查理·罗伯特·达尔文（1809—1882）以及和他同时代的阿尔弗雷德·拉塞尔·华莱士（Alfred Russel Wallace, 1823—1913）的说法，生物体通过一种定向自然选择发生变化，长期缓慢地适应新的环境条件。现代综合进化理论和遗传生物学知识将这种适应机制具体化：关键的"驱动力"是基因突变和性别重组，以及随后对这些基因变异中的最优者的自然选择（适者生存）。然而，随机突变、重组和基因选择需要经历很多很多代，这个过程太漫长了，机体无法快速适应。

拉马克学说

生物可以将其一生中获得的行为变化直接传给其后代，从而使其更快地适应环境——这种观点甚至比达尔文主义还要久远。在达尔文之前不久，这一思想在法国生物学家拉马克（Jean Baptiste de Lamarck, 1744—1829）的拉马克学说中得到了进一步发展。但由于拉马克无法通过研究证明这一点，因此在科学界遭受了冷遇。

然而今天，拉马克学说作为达尔文主义的"反面教材"

再度被科学界提及。究其原因是在过去几十年中，人类积累了大量的经验，例如，心理压力会对后代产生直接影响，例如抑郁症。然而根据综合进化理论的观点，这是不可能的。但如今我们知道这是可能的，而且也明白了其中的原因，其运行机制就是表观遗传学。

表观遗传学如何发挥作用？

古希腊语前缀επί在引申意义上指的是"高于""超越"。因此，表观遗传学是对基因活动和基因表达（或科学）的一种稳定的可遗传的调节，它不以 DNA 基因序列为基础，而是对它的超越。既然所有的信息都包含在基因中，即遗传信息的基本组成部分中，那么表观遗传学是如何发挥作用的呢？

信息以基因形式存在是一回事，让生物体能够获得这些信息又是另一回事。对此我们必须知道，基因像一串珍珠一样排列在一起，形成所谓 DNA 链，并被装入染色体中（见下页图）。然而，为了使其尽可能紧凑，它们先被一圈圈缠绕在组蛋白上，再以螺旋形缠绕起来，[1] 形成所谓的染色

---

[1]   即 DNA 双螺旋，指的是一种核酸的构象，在该构象中，两条反向平行的多核苷酸链相互缠绕形成一个右手的双螺旋结构。——译者注

质，然后再折叠多次。通过这种形式，约 23000 个人类基因及约 10 亿个碱基对共同构成了一条约 1 米长的 DNA 链，是 23 对人类染色体的重要组成成分，而这些染色体的大小只有不到千分之一毫米。

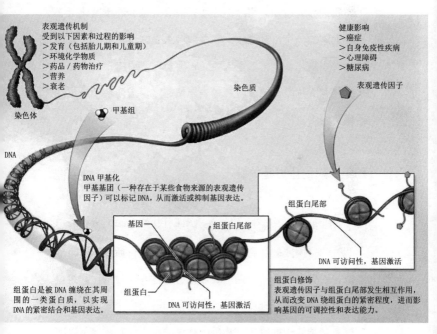

DNA 的结构和折叠形成染色质和染色体以及影响 DNA 的表观遗传因素。从右下角到左上角是越来越复杂的结构。（图片来源：美国国立卫生研究院）

相反，为了让分子读取模块进入基因，并用 RNA 聚合酶扫描和读取其遗传信息（即所谓的转录），DNA 链必须依次进行局部展开、松开以及解开。正是在 DNA 的这个开口处，即所谓的 DNA 表达，表观遗传学才开始发挥作用。正如我们今天所知，强烈的环境影响会导致 DNA 甲基化（在基因上添加一个甲基基团）和（或）组蛋白发生变化。每增加一次甲基化就会降低基因表达，而每一个组蛋白的变化要么暴露 DNA 片段，要么将之包裹隐藏起来，进而使转录更容易或更困难。

幼年时期的压力是关键

幼年时期产生的压力会带来哪些具体影响呢？据观察，年幼时的贫困或被社会孤立的经历会激发对日后潜在危险的恐惧。这种来自幼年时期的长期压力通过 DNA 甲基化和组蛋白的改变而影响转录模式，进而引发慢性炎症，导致各种疾病以及精神障碍的发生。相反，欢快的家庭成长环境可以改变大脑记忆中心——海马体的组蛋白，改善记忆功能。所有这些被改变的转录模式甚至可以遗传到第三代。

人们也在动物身上观察到了类似的效果。当老鼠逐渐害怕某种气味时，它们的子孙后代也会害怕这种气味。我们可以把原因归结为相应基因的甲基化。

　　与基因变化相比，因不同生活经历而引起的表观遗传变化原则上是可逆的。所有这些现象都表明，人们在年轻时所处的社会环境对他们的自身幸福以及他们的后代是多么的重要。现在我们知道了，一个人的早年经历是至关重要的。

社会心理压力导致的过早衰老

　　我们在此期间也了解到，社会心理压力也会通过表观遗传学机制加速衰老。端粒在其中起到了决定性的作用。端粒位于染色体的末端，使染色体保持稳定。社会心理压力会缩短端粒，从而破坏染色体的稳定性并导致一些与年龄相关的疾病，包括癌症、免疫缺陷和心血管疾病，进而导致过早衰老。具体来说，有研究表明，端粒长度与家庭暴力、自我教育和家庭教育、童年创伤、全职家庭妇女、绩效评估等因素有关。根据最新的研究结果，如果女性在怀孕期间压力过大可能也会影响端粒。这种端粒变化同样可以遗传几代人。

　　总而言之，慢性的，即长期的心理压力对我们自身以及后代来说都是毒药。但家长们也不必对孩子的压力过于担心，因为在年少时，短期压力以及体验到的中期正向压力，会对我们的行为产生积极影响。而相关研究也表明了这一点。因此你可以时不时地告诉孩子，他们的优势和长处在哪里。

宏观世界中的疯狂物理学

"宇宙中存在其他智慧生命的最好证据是,我们还没有与之取得联系。"

《卡尔文与霍布斯虎》系列漫画

太阳系中的地外生命?

宇宙中是否存在地外生命? 答案可能就近在眼前!

为什么要去太空旅行?

人类探索太空,有四个主要原因:其中,两个为实用性(功利性)原因,另外两个为超越实用性(超功利性)原因,没有一个原因是"在太空进行科学研究",而这就是我们今天在空间站正在做的事。

两个功利性原因:

一是避免来自太空的对部分人类或全人类的致命危险,例如抵御可能摧毁整个城市甚至消灭人类的小行星。

二是通过移民到其他星球来确保人类在地球以外能够继续生存。对此,物理学大师斯蒂芬·霍金以非常悲观的预测而声名鹊起。

第一项任务是非常现实的，因为具有毁灭性影响的小行星可能明天就会撞击地球，尽管概率非常低。所以它是未来 100 年至 1000 年里的一项重要的任务。虽然人类会因太阳燃烧殆尽而灭亡是不可避免的，但这种末世问题在数百万年后才会变得严峻。

另外两个超功利性原因：

一是引导人类改变以自我为中心的观点，即明确我们在宇宙中的真正地位（即不重要）。二是我们应该摒弃人类在文化上的自以为是，不要把地球看作上帝赋予的宇宙中心，它只是浩瀚的宇宙海洋中一艘摇摇欲坠的小船。然而，人类只有当自身以完全不同的视角看过地球之后，才能明白这些道理。所以，太空旅行是人类自我认知的一个重要里程碑。

最后，还有一个问题："我们在宇宙中是孤独的吗？"早期经院哲学家艾尔伯图斯·麦格努斯（Albertus Magnus，1200—1280）曾经称其为"自然研究中最崇高和最庄严的问题之一"——这确实是有道理的。

为了给这个问题一个具体答案，我们必须飞到其他天体上去看看。这样做的逻辑在于，如果我们没有任何发现，并不意味着我们是孤独的，可能只是单纯因为我们找错了天体。但如果我们发现其他生命，即使只是非常原始的生命，也表明我们可能并不孤独。

为什么要漫游宇宙？

不幸的是，在可预见的未来，如果存在其他生命的话，我们也无法载人飞行到其他星系。虽然以今天的技术，无人驾驶飞行是可能实现的，但即使是到离我们最近的星系，也需要至少几千年的时间。而如果我们已经发现了太阳系中存在其他生命的证据，也许就不需要进行如此大费周章的旅行了。

真的存在其他生物吗？确实如此，而且我们已经清楚地知道该去哪里找。原则上它必须是可以孕育生命的天体，即温度在 0 摄氏度至 100 摄氏度之间。因此，温度高于 400 摄氏度的水星和金星被排除在外。而木星、土星、天王星和海王星等大型气体行星不仅太冷，甚至都没有固体表面。它们只由气体组成！

火星上存在生命吗？

那么，火星就成了除地球之外唯一的候选热门。如今我们知道，35 亿年前，火星上有热带温度的海洋。如果当时那里有其他种类的生命存在，今天我们仍然可以从火星的土壤深处发现它。几十年来，这一想法驱使着科学家们一次又一次地前往火星。这也是为何欧洲空间局（European Space Agency，简称为 ESA）的 "Exomars 2022 火星探测器发射计划" 显得如此重要。该探测器将钻入火星土壤并研究土壤样本中是否存在地外生物细胞。因此，2016 年 10 月 19 日，"夏帕雷利号"（Schiaparelli）火星探测器的坠毁对欧洲空间局来说是如此的痛苦，因为这是一次尝试，表明人类可以将 "Exomars 火星研究实验室" 安全地带到火星表面。

卫星上存在生命吗？

不过，太阳系中还有另外两个可能存在地外生命的候选天体：木卫二欧罗巴和土卫二恩克拉多斯。多年来，我们已经知道这两颗卫星上一定有巨大的液态水海洋，但我们无法直接看到，只能看到表面的冰壳。

　　原本这两颗卫星因温度太低而不可能存在液态水，但由于它们非常大，其内部铀、钍和钾的放射性衰变所产生的衰变热使它们内部升温。此外，这两颗卫星还被其各自行星的强大引力（潮汐力）加热透了，而这也使它们强烈升温，导致其内部的温度很高，在海洋上空形成热对流，一部分会形成高位喷泉向外释放（见下图）。所以在海床上，应该也会如同在地球上一样存在热液喷口，也叫海底黑烟囱。我们知道，这有可能是孕育第一批生命形态的温床，因为这正是我们最早在地球上发现生命的地方。

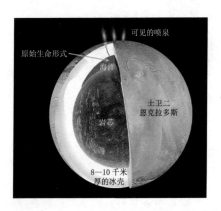

　　这就是人们想象的土卫二恩克拉多斯的内部构造。炽热的岩芯通过海洋将热量传递到冰壳表面。潮汐力导致冰壳出现裂缝，产生喷泉。从"卡西尼号"探测器拍摄的图像中我们可以观察到这种景象。（图片来源：美国国家航空航天局，乌尔里希·沃尔特）

探测任务是这样的

要在其中一颗卫星上探测到单细胞生物，可以发射一个探测器到土卫二。一种方法是让探测器在那里着陆，被衰变能量加热的探测器会慢慢地融化冰壳，最终在某一时刻成功进入海洋，在那里人们可以通过采样来进行单细胞生物检测。更简单的做法是直接让探测器飞过喷泉上方，采集到一些带有细菌或至少有生物分子的水滴作为地外生命存在的基础并对其进行分析，但这种做法是否可行还不太确定。

这正是美国国家航空航天局（National Aeronautics and Space Administration，简称为NASA）正在计划的"土卫二生命发现者"任务，该任务尚未获得资助。在我看来，这是美国国家航空航天局所策划的最佳任务之一。

"真正的理解是无可替代的。"

钟开莱（Kai Lai Chung，1917—2009）

美国概率论大师

超级月亮和月亮幻象到底是怎么回事？

　　大概每 14 个月就会出现一次超级月亮。下一次超级月亮将出现在 2022 年 6 月 14 日[①]。那么什么是超级月亮？什么又是月亮幻象？

　　其实超级月亮现象非常容易理解，只需稍加了解天体力学即天体运动学，就能知道。该现象的关键在于：虽然我们总说行星和卫星以圆形轨道"运行"，但实际上天体运行轨道并非正圆。

关于天体力学的一点儿科普

　　约翰尼斯·开普勒（1571—1630）首次发现天体运行轨迹普遍是椭圆形的，但也近乎圆形——其实圆是椭圆的一种

[①]　本书的德语原著出版于 2022 年 2 月，彼时尚未出现提及的 2022 年超级月亮。——译者注。

特殊形式。地球绕太阳的公转轨迹是几乎完美的圆形，而月球绕地球的公转轨迹更近于椭圆，火星绕太阳的公转轨道则更加扁长。

月球也是如此。它绕地球一周历时 27.3 天，这是以恒星定标的（真正）公转周期[①]，即以某一恒星为参考系测算出的运转周期。从地球观察到的两次满月间隔 29.5 天，也是月球连续两次合朔的时间间隔。因为在过去的 27.3 天中，地球绕着太阳跑了 26.9°，所以月球还得再转 2 天左右才能完全回到同一位置。因此以地球作为参考系，固定星空出现的方向也相应不同。在月球绕地球公转的过程中，与地球实际的最近距离约为 357000 千米，15 天后到达距离地球最远的远地点，约为 407000 千米。当月球出现在近地点附近，它的面积看上去仿佛增大了 1.3 倍 $[=(407/357)^2]$，比起它离我们最远的时候大了约 30%。这一差距十分显著，当满月时，太阳、地球和月亮位于同一条线上（如下页图所示）。当月球"到达近地点时正好是满月"，这一现象在近几年被称为超级满月，为听起来更酷些又被叫作超级月亮。

[①] 又称恒星月，指月球从某一恒星近旁出发，又返回到该恒星附近同一位置。——译者注

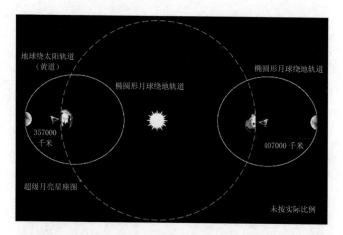

月球绕地轨迹是近圆的椭圆形。当太阳、地球和月亮位于同一条线上且月球同时到达椭圆运行轨迹的近地点时，就有了超级月亮（如图左侧）。反之亦然（如图右侧），但不会如此壮观。如果夜半地球晴空无云，自然也可以观察到满月①。（图片来源：乌尔里希·沃尔特）

超级月亮何时出现？

实际上，满月几乎从未在绝对的近地点出现，因此，一个新的问题由此而生：从多远的距离开始可以认定为超级月亮？具体来说：2016 年 11 月 14 日欧洲中部时间（全称 Central European Time，简称为 CET）14 点 52 分，满

---

① 该天文现象被称为"微月亮"。——译者注

月距离地球中心正好是 356523 千米；2022 年 7 月 13 日欧洲中部时间 18 点 37 分，这一距离为 357418 千米；而 2034 年 11 月 25 日欧洲中部时间 23 点 32 分，将是月亮恰好到达近地点的时候，该距离将正好是 356448 千米。可见这些距离相差甚微，因此当满月距离在其最接近地球的距离的 90% 以内时，即可被定义为超级月亮。

超级月亮多久出现一次？答案是每隔 13 个月 18 天。但普通的满月和超级月亮的细微差别只有懂行的专家，即有规律地观察月球的人才能辨别，而欧洲的观测者数量极为稀少。如果用肉眼去观看超级月亮，很多人只是感叹："不就是个满月嘛！"

月亮幻象

因此，所谓的月亮幻象也可以称为超级月亮。傍晚时分，当一轮正常的满月从东方的地平线上升起，在早晨又从西方落下，就会出现这种现象，而且显得巨大。

骗人的是：月亮一点儿也不巨大，而是和平时一样大，只是看起来大得多。这是为什么呢？

古希腊的托勒密给出了第一个正确的猜想。他认为，这可能是由于天空的穹顶在我们看来是扁平的，也就是说，我们头顶的天空比远处的地平线看起来距离我们更近。此后，从中世纪一直到近代，阿拉伯人又进一步讨论了因看似明显不同的距离而产生的幻象。直到2000年，一对父子[洛伊德（Llody）和詹姆斯·考夫曼（James Kaufmann）]通过一个生动的实验，证明了托勒密的猜测是对的。右图右半部分生动地展现了这种幻象。

月亮幻象。月落前的满月显得异常巨大，如同夕阳微微泛红。（图片来源：Roadcrusher, Gun 自由文档许可证）

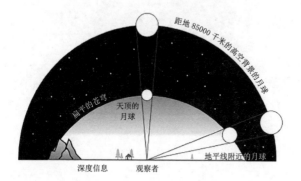

月亮幻象。月球（开放的圆）绕地球运行的距离大致相同，且总是以同样的视角（与圆圈相切的发散线）出现在我们面前。但由于月球运行的天空（完整的圆）在我们看来是一个扁平的穹顶，所以月球在我们上方看起来比地平线上要小。（图片来源：ArtMechanic）

所以我们的眼睛被欺骗了，因为对于两个具有相同视角的物体，离我们越远，在我们看来越大，反之亦然。换言之，我们对于物体大小的感知是根据看上去的距离远近来确定的。在心理学上，这种感知定律被称为埃默特定律，它导致了所谓的蓬佐错觉。

蓬佐错觉。通过看似不同的距离而造成的月亮幻象就是著名的蓬佐错觉。上图两只猫的体形大小其实完全相同。不信可以测量一下！（图片来源：乌尔里希·沃尔特）

"我没有什么特别的才能，只有强烈的好奇心。"

阿尔伯特·爱因斯坦

现代物理学家

乌尔里希·沃尔特注：

爱因斯坦没有自我嘲讽的意思，这正是他所坚信的。

困扰爱因斯坦的"幽灵般的超距作用"

世界上有些事情是绝对违背常识的，连爱因斯坦也不愿承认。但这些事情确实存在，甚至是有意义的。

这个世界太复杂，我们永远无法完全理解。多亏了哥德尔不完全性定理，今天我们已经知道了这一点（参阅本书"科学的边界"一章中的"考拉兹猜想"一节）。虽然我们可以丈量世界并推导出关于世界如何运作的理论，但这些理论，即我们对世界的描绘，始终是不完整的，通过类比将其应用于其他领域有时也是错误的。

适用类比的领域

谈了这么多抽象事物，我们来举两个例子。我们知道，太阳引力吸引地球并迫使它围绕太阳运行。我们可以将这种经验延伸到原子领域，来试图理解为什么电子可以像行星一样围绕原子核运行。科学表明，人类将从宏观世界中获得的经验扩展到微观世界的做法在广义上是行得通的。这是我们理解原子是如何运行的唯一途径。

原因 – 媒介 – 结果 = 局部性

然而，这种扩展并不一定总是奏效。对此我举一个事例。猎人用步枪射击一只野兔，步枪击中并杀死了野兔。我们可以把野兔的死亡理解为子弹从步枪飞到野兔身上并在那里产生作用的结果。在物理学中，这种因果原理被称为局部性原理，因为一个局部的诱因会通过一个媒介引起一个局部的结果。媒介可以是粒子，但也可以是波。如果一个物理学家不了解传输机制（通常是如此），那么他就会怀疑一个仍然未知的粒子或波（根据波粒二象性，两者在微观世界中总归没有区别）会激发一个场，不过这是人类不可能看到的。因此，正如本书"神圣的'希格斯粒子'"一章所描述的那样，希格斯粒子作为激发希格斯场的物体，是世界上其他所有粒子的质量传递者。2013年，弗朗索瓦·恩格勒和彼得·希格斯正因这一独到观点而获得诺贝尔奖。

非局部性 = 胡说八道?

然而,这个在宏观世界中看似绝对必要的局部性原则,不一定适用于微观世界。两个相互关联的事件可以在任何距离上发生,不需要传输机制,而且是瞬间发生,即没有任何时间延迟。自 20 世纪初以来,量子物理学就提出了这种假设。爱因斯坦曾对此进行抨击,他认为不可能存在这种幽灵般的超距作用(所谓的非局部性),这与普通人的常识认知相矛盾,也与他的广义相对论的基本假设(即局部性)相矛盾。广义相对论也是一种引力场理论。

然而,近几十年来,人们通过巧妙的实验可以证明,在我们的世界上,有些事件确实存在幽灵般的超距作用。最典型的例子就是两个纠缠的光粒子(光子)。什么意思呢?在这种所谓的量子纠缠中,一个光粒子相对于实验者指定的方向有一个旋转(自旋),而另一个则正好相反。因此,它们的总和为零。先前以两倍能量进入晶体的单个光子,在特殊晶体(所谓的非线性光学晶体)中同时产生的就是这种纠缠的光子。

这对纠缠光子的奇特之处在于:如果测量其中一个光子的自旋,当然就能同时知道另一个光子的自旋,因为两者相加必须为零。但这也是问题的关键。测量可以在任意时间点进行，大约在其产生纠缠后 5 小时。假如，其中一个光子已经在小行星冥王星上了，而另一个光子一直在光导体中绕圈运行。因为粒子还不知道我指定的方向，所以自旋结果将是纯随机的，每次得出的结果都不同。但如果已经有了一个随机结果，那么冥王星上的另一个光子就别无选择，它必须呈相反的状态，而且是瞬间完成。因此，尽管距离很远，它必须以某种方式与被测粒子进行实际的通信，且没有延迟。日内瓦大学的科学家在一项实验中表明了：如果它们之间确实进行了通信，速度必须至少是光速的一万倍，甚至可能没有延迟，但这又与爱因斯坦的狭义相对论矛盾。

问题出在哪里？

实际上存在两个问题。一个问题是：如果两个粒子以超光速进行通信，那么人们可以利用这种超距作用以远超光速的速度传输信息，但这会破坏宇宙中的因果关系，从而破坏相对论的基础，正如我在之前的章节"是否存在永动机？"中所阐述的那样。另一个问题是：在经典物理学中，只有具有光速的光子才能进行快速通信，那么两个光子如何能瞬间建立联系？换句话说，真空的性质决定了光子的传播速度，实际上并不允许有超光速存在！那么第一个问题就迎刃而解了。既然被测光子的自旋结果是随机的，冥王星上第二个光子的自旋结果也是随机的，只是相反而已。然而，在随机状态下，预先确定的信息位就无法传输了，只能传输噪声。

另一个问题则比较棘手。只有考虑到每个运动的物体都有自己的时间，即所谓的原时（独立于我们自己的时间），且与我们的时间存在偏差，我们才能理解光速下的耦合。这种耦合随着相对速度的增加而减少，并在光速下达到零。这意味着光子是不受时间限制的；它可以在 0 秒的原时内到达宇宙的任何地方！因此，当一对纠缠着的光子于晶体中产生时，从它自己的角度来看，它会同时，即瞬时，在宇宙的某个地方衰变。在它的原时里（然而，持续时间为"零"），它"总是"和与另一相互纠缠着的孪生光子保持联系。难怪它总是"知道"对方在"做什么"。因此，瞬时耦合不是真空中的量子力学波传播现象，而是在相对论物理学框架内的极端时间膨胀问题。

即使是无法理解的事物，也可以是有意义的！

　　然而，时间膨胀是一种远超出我们日常认知的现象，就像波粒二象性一样。因此，我们可能永远无法真正理解这种量子物理纠缠，但可以从数学的角度领会其含义——它的作用发挥得淋漓尽致，甚至产生意义。

　　这个世界有时超出了人类的想象力，比如弯曲的三维空间或时间膨胀。但我们还可以借助数学来理解，这是毋庸置疑的。因此，科学家们往往对数学青睐有加，而常常不相信常识。

"知识就是力量。"

弗朗西斯·培根（1561—1626）

英国哲学家

暗物质之谜

暗物质对人类至关重要，甚至我们的身体也被它所淹没。然而，科学家们现在也无法解释暗物质究竟是什么。

宇宙学是研究宇宙起源、发展和结构的科学，关于它的一大问题是：宇宙是由哪些物质组成的？现在答案已经很清楚了。2016 年，欧洲普朗克望远镜，也就是目前研究宇宙背景辐射的最佳仪器公布了最新数据分析①。结果显示：4.86% 是已知物质，26.0% 是所谓的暗物质，69.1% 是所谓的暗能量。但是，后两种太牵强了，因为没有人真的知道暗物质是什么，更别说暗能量了。我们只有对它们的猜测。尽管人们近年来做出了种种努力，但宇宙中 95% 以上的物质对我们来说都是未知的，这真让人抓狂。

_____

① https://arxiv.org/abs/150201589.

为什么暗物质如此重要？

　　但是我们是怎么知道有像暗物质和暗能量这样的事物存在的呢？因为两者均是决定宇宙的大尺度结构和动力的至关重要的因素，而且现下我们可以对其进行很好的测量。如果没有暗物质，宇宙中就很难存在一个星系，包括银河系，因此也就没有太阳系和地球。

　　由此可见，暗物质的重要性不言而喻。如果像许多科学家认为的那样，暗物质由最小的基本粒子组成，那么每秒钟就会有大约 1 亿个这样的暗物质粒子以 220 千米／秒的巨大速度穿透我们的身体——而我们不会有任何察觉。这正是"暗"的意思，即暗物质的基本粒子是绝对的独行侠，几乎不与任何正常物质或与自身相互作用。因此，它们也被称为弱相互作用大质量粒子（weakly interacting massive particles，简称为WIMP），只受到引力相互作用（重力）和（可能有）所谓的弱相互作用的影响，也就是说，它们的重量只能与原子核发生极其微弱的相互作用。然而，由于我们身体中所有原子核加起来只构成 1/100 平方毫米的横截面积，也就是一粒沙子的面积（我们身体表面的剩余部分是空的），与这些粒子的相互作用极其微弱，正如

"暗"字所表达的那样，所以这些粒子会不受阻碍地从我们的身体中疾驰而过。具体来说，对于一个 WIMP 粒子，我们身体的有效命中面积只有原子核面积 × 相互作用概率 = 1/100 平方毫米 × 10^{-12}=0.00000000000001 平方毫米，也就是一粒沙子百万分之一的面积，相当于一个原子的面积。

LUX 实验[1]

弱相互作用大质量粒子构成了宇宙中 84% 的物质，因此它们的重量对于构成正常物质如何在其引力下结成星系至关重要。科学家们把证实弱相互作用大质量粒子的希望寄托在它们与正常物质原子核的弱相互作用之上。在极罕见的情况下，如果一个 WIMP 粒子与一个正常的原子核相撞，会发出一个小闪光，便可以通过光传感器检测到。但问题在于，宇宙辐射和物质的放射性衰变也会产生闪光。因此，在 2012 年，科学家在所谓的 LUX 实验中，建造了一个由极低放射性物质制成的罐子，可容纳 370 千克液态氙（一种在零下 108 摄氏度时会变成液态的惰性气体），光传感器

———————————

[1] LUX 实验：大型地下氙探测实验。——编者注

位于罐体上端。这个 LUX 探测罐位于美国南达科他州黑山下 1500 米深处，是一个直径 7.6 米、高 6.1 米的圆柱形空间，里面装满了水，以进一步降低罐体附近的放射性。

位于地下 1.5 千米深处的 LUX 探测器（图片中间的圆柱体）。在实验过程中，该探测器被水填满，以减少放射性辐射。（图片来源：Gigaparsec，知识共享）

在 2014 年 9 月至 2016 年 5 月期间，研究人员有 332 天都在尝试探测闪光。他们预计总共会有大约 100 次闪光，但只发现了 3 次，并且这 3 次也只能算作预期的背景辐射，所以正如预期的那样，这 3 次闪光是另有其因。换言之，什么也没有发现。这正是该研究小组在 2016 年英国谢菲尔德的国际暗物质会议上发表的内容。所以暗物质仍然是一个谜。

未来会更好

我们该如何看待这个问题呢？说得官方一点："结果很明确，我们对此感到自豪。寻找暗物质的过程仍旧很有趣！" 得到明确的结果固然很好，但如果理论家们的预估正确，就能证实暗物质并非 WIMP。目前我们仍希望是专家们预估错了，因为一个名为 LUX-ZEPLIN（据称从 2022 年开始测量①）的新探测器已在计划建造中，这是一个具有相同设计但体积更大的探测器，计划配备重量为 7000 千克，大约是 20 倍的氙。但是 20 乘以 0 也还是 0，探测不出来的话还是竹篮打水一场空。换句话说，一个大 20 倍的探测器很难改变任何结果。好吧，这种说法不太公平，因为如果理论家们预估错误，在实验中只有 0.2 个实际计数（即比理论上预期的少 500 倍），那么在 LUX 中是测不到的，但在新的 LUX-ZEPLIN 中就会有 20×0.5=10 个计数。然而，要从更高的罐体中发现这 10 次也是很困难的。

也许瑞士欧洲核子研究组织的大型强子对撞机（Large Hadron Collider，简称为 LHC）会对发现暗物质有所帮助。

---

① 该探测器已于 2022 年开始运行。——编者注

ATLAS和CMS探测器[1]的研究团队也在尝试探测暗物质粒子，但迄今为止也没有成功。这也难怪，LUX实验已经是很高的标准了。

什么是 WIMP？

每年约100次碰撞的预期探测率是基于WIMP是所谓的超中性子的事实。超中性子是超对称性粒子，是光子（电磁力的玻色子）和Z玻色子（弱核力的中性载体）的超对称伙伴的混合体，可能还混杂其他粒子种类。超中性子被推测为最轻的（但其绝对质量还是很重，有100到1000个质子的质量）超对称粒子。因此，如果它真的存在，它会是一种稳定的、中性的以及具有一定重量的粒子，是暗物质的理想候选者。

如果WIMP不是超中性子，那么只剩下轴子可作为唯一的WIMP候选者了。轴子是一种假设的粒子，它的存在可以解决物理学中的一个（小）问题：与所有预期相反，量子

---

[1] ATLAS探测器，超导环场探测器；CMS探测器，紧凑渺子线圈。二者都是欧洲核子研究组织的大型强子对撞机。——编者注

色动力学（Quantum Chromodynamics，简称为QCD）所描述的强作用力似乎不会破坏CP对称[1]性（强CP问题），破坏它的是QCD轴子。现在有一些这方面的实验，包括欧洲核子研究组织的CAST实验，旨在探测太阳轴子。轴子的问题只在于，它的质量比氢原子轻10亿倍，所以轴子才是真正的轻量级，但相对于宇宙84%的质量构成比例来说，这不是一个特别有利的前提条件。如果WIMP一定要是轴子，那么不光是每秒有1亿个，而是会超1000亿倍，即每秒10^{19}个这样的粒子会穿过我们的身体。我觉得这并不重要，最主要的是，我们找到了最终答案。

---

[1] CP对称：电荷宇称对称，描述了普通物质与反物质之间的对称关系，具体是指普通物质与反物质所遵循的物理法则几乎完全相同，二者之间只差一个镜像反转。——编者注

"我能够知道什么？我应当怎么做？我可以希望什么？"

伊曼努尔·康德（1724—1804）

德国哲学家

《纯粹理性批判》中关于"人类对知识的渴望"的伟大问题

暗物质突破在即?

时至今日，我们仍然不知道构成宇宙的主要物质是什么，因此这些物质被称为暗物质。不过对此现在有了一个强烈的提示。

就像着了迷一样，100 多年来，我们一直在寻找一种奇特的物质。22 年前我们就知道这种物质在理论上是存在的，而且占整个宇宙的 84%，我们甚至可以观察到它对星系运转产生的重大影响。这种物质到底是什么？我们仍然对此毫无线索。尽管几十年来我们一直在狂热地寻找它，但它仍未浮出水面——因此它被称为暗物质。

小贴士：下文中提到的所有技术术语都可以在维基百科中查到释义。

什么是暗物质？

最热门的暗物质候选者，即超对称理论中的超中性子，现在已经不在考虑范围之列了，因为正如上一章中所说，我们无法探测到它。

从那以后，科学家们一直不明就里。有些人甚至认为不存在暗物质，而是有必要对牛顿万有引力理论进行修正，以适应星系观测。这种所谓的 MOND 理论[①] 对大多数物理学家来说简直太离谱了。爱因斯坦的广义相对论以及由此推导而来的牛顿万有引力理论，其高度准确性至今已在许多观测中得以验证，以至于它被视为我们理解宇宙的基石。动摇这一点，就等于摧毁了整个理论宇宙学。

那么究竟何为暗物质呢？现在存在大量或多或少有些深奥的可能性解释，然而，没有物理学家能真正知悉，主要是因为人们甚至无法证明那些不太神秘的粒子。由于到目前为止还没有真正的替代方案，所以大多数物理学家试图以某种方式来认定暗物质就是超中性子，因为超对称性具备一些非常有说服力的观点。

---

① MOND 理论：Modified Newtonian Dynamics，指修正牛顿动力学。——译者注

轴子——新晋头号候选者

最近，这一切发生了突如其来的变化。新晋头号候选粒子诞生了，这就是所谓的轴子。有人会说："哦，天哪！这又是什么？"好吧，是有点复杂，但因为轴子现在确实是最佳候选者——我也同意这个观点——所以值得去仔细研究。

为了理解某些粒子类型为什么存在以及它们是如何工作的，我们可以将宇宙比作一桶水。在宇宙大爆炸后不久，宇宙非常非常炙热，具体而言超过了 1 万亿亿亿摄氏度。这相当于一桶 0 摄氏度以上的水，在大爆炸后仅 10^{-35} 秒，由于宇宙的急剧膨胀，这个温度就降到了 0℃ 以下。

宇宙表现得就像一桶水

水在 0 摄氏度的临界温度以下会结冰。只要它是液体，它就是空间各向同性的（内部结构相同），因为液体没有首选的空间方向。但冰是结晶体，因此拥有一个晶格，晶轴严密排列其中。轴的方向是随机的，尽管如此，凝结打破了空间的各向同性，即所谓的空间对称性破坏。由于水以冰的形式存在具有一定的晶体结构，因此还出现了一种新的现象，即切波。波也可以被称为粒子——如光波就是光子，不是别的——所以这种切波也被称为横向声子（声粒子）。所以关键的一点是，对称性破坏可以产生新的粒子。

这正是物理学家研究相互作用场的设想。在一万亿亿亿摄氏度以上，物理学家推测所谓的大统一理论存在高度各向同性的场。在这种极高的极限温度以下，其对称性被打破，一方面，光子和 W、Z 粒子作为调节电弱相互作用的新粒子出现；另一方面，胶子作为调节强相互作用的新粒子出现。胶子对夸克会产生非常强烈的影响，以至于它们不能单独存在，要么配对形成介子，要么三三两两地结合，形成我们所熟知的核粒子——质子和中子。这背后的理论被称为量子色动力学，同时，该理论已经被证明是如此之好，以至于被认为是确定无疑的。这听起来很疯狂，但刚刚描述的世界差不多就是这样的。

到目前为止的一个小问题

然而，量子色动力学预测，中子应该有一个电偶极矩，即一个具有独立电荷的内部结构，但是中子并没有可测量的电偶极矩。这个迄今尚未解决的问题背后的现象被称为

"强 CP 问题"。物理学家认为，解决方案是打破量子色动力学的对称性，这将创造一个新的粒子，即具有抑制中子偶极矩的特性的轴子。

这听起来像是耍了一个小花招：如果我们接下来不知道该怎么做，就必须打破这种对称性。事实上，在宇宙大爆炸后不久，宇宙就被一连串的对称性破坏所决定。因此，对称性破坏在宇宙中似乎已司空见惯。但一个新的未知粒子的出现只是为了去解决另一个问题时（中子的电偶极矩），这只是问题的转移。只有当人们能够用轴子来解释暗物质时，它才会变得有意义。

人们认为轴子太轻了

另一方面，若轴子质量够大，那么轴子将完全具备暗物质该有的属性：它的质量产生引力，可以通过其电弱相互作用解释强 CP 问题，以及……再无其他。此处，轴子的另一属性，（近）零质量，就极其重要了，毕竟若非如此，很容易就能发现轴子。到目前为止已经出现两个问题了。由于弱相互作用的弱点，迄今为止估计的轴子质量是 $5\mu eV$，这太小了，无法解释暗物质的质量之大。此外，科学家们也在如 ADMX 这样的实验[1]中寻找这种极轻的轴子，但也没有任何发现。

现在一切都对上了

2016年11月，一个德国—匈牙利研究小组在著名的《自然》杂志上发表了一篇文章，瞬间扭转局势。他们通过精确的理论计算表明，轴子的质量应该在 $500\,\mu eV$ 左右，比以前假设的大100倍。为了使轴子能够解释暗物质，宇宙的每一立方厘米中必须有超过几百万的轴子。因此，不论在任何时候，都有大约10000亿个轴子穿过我们的身体，而我们不会有任何察觉，因为它们的相互作用极弱，对我们的身体来说毫无影响。

这听起来很奇妙，但这是完全有可能的。事实上，有一个名为 MADMAX 的实验[2]，应该能探测到恰好具有这种质量的轴子。因此，解释暗物质的新一轮竞赛又开始了。如果你问我暗物质是什么，我猜应该是轴子。

---

[1] ADMX 实验，全称 Axion Dark Matter Experiment，意为轴子暗物质实验。——编者注

[2] 来自欧洲6个机构（包括马克斯·普朗克研究所和汉堡大学）的科学家组成的 MADMAX 合作团队寻找地球周围轴子，亦可称为寻状地球周围轴子的 MADMAX 实验。——译者注

日常生活中的技术

"必有多人来往穿梭，知识必将发扬光大。"[1]

弗朗西斯·培根

英国哲学家、古希腊哲学家

培根生活在环球大航海伊始时代。

---

[1] 原文为拉丁语：Multi pertransibunt et augebitur scientia. ——译者注

燃料电池能做什么 / 不能做什么?

燃料电池是如何工作的? 它能解决我们未来的能源问题吗?

燃料电池——这个表述并不准确, 其本身容易给人造成误解: 把任意燃料放在小盒子里进行燃烧即可产生大量的电能和热能。如果有人向你做出如此简单的承诺, 那就需要注意了。本文的情况同样如此。

燃料电池是做什么的?

燃料电池可在温度较低的条件下, 使氢气(必须靠人为提供)和氧气(主要来源空气)通过化学反应转化为水, 并在此反应过程中产生电能。其化学反应方程式可表示为: $2H_2+O_2 \rightarrow 2H_2O+$ 电能。与其他能量转换反应类似, 该反应并不是无损的, 其能量损失往往以热能的形式表现出来。在该过程中所产生的电能与热能的比率被称为电热比。但它有两个问题：首先，普通（低温）燃料电池的能量转换效率通常在 40% 至 60% 之间，因而必然会产生无效热能；其次，这种所谓的"冷燃烧"只针对包含氢元素的无机化合物，而对于包含氢元素的有机化合物，如甲烷 CH_4，则是不适用的。

问题出在哪里？

如果你在诸如住宅楼等需要热能以及电能的地方使用燃料电池，则可以部分避免产生无效热能的问题。这是一个好主意，但还有另一个问题：我们需要纯氢，而它的储存效率非常低。一般的方式是通过压缩增大气体密度，再将其存储至承受范围在 40000 至 70000 千帕气压的气瓶中。若将这样的装置应用于汽车，它将是一颗潜在的炸弹。另外一种方式是把氢气冷却到零下 250 摄氏度，那么氢气在大气压下就会变成液体。虽然这可以存储更多的氢气，但需要精心设计一个超级绝缘容器，以此来保持氢气的低温。虽然液氢的处理并不完全实用，但它是可行的，并且被广泛使用在公共汽车等交通工具中。此外，还有一些储氢介质，如金属氢化物或所谓的金属有机骨架化合物，但我们不应寄予过高的期望。因为氢气的基本特性之一就是无论如何都无法被塞进一个狭小空间。因此，如果未来家里有燃料电池，那么可能会有一辆卡车通过绝缘良好的软管将液态氢输送到你家地下室的超级绝缘容器中，就像输送石油一样。但这需要建造完全不同的基础设施来分配和储存氢气，那成本就会相当高了。

用甲烷代替氢气?

人们当然不希望在路上与载有液态氢的卡车相撞。由于这个原因和液态氢的其他问题（如容易通过加热使得其不断被汽化），化石甲烷（天然气）或生物甲烷（"生物天然气"）正在作为另一种能源物质被广泛推广。

甲烷在地球上的矿藏量极其丰富，是一种巨大的能源，这是甲烷的一大优势，但它只有在零下 160 摄氏度时才是液体，这就是现在仍然需要超级绝缘容器以防止其蒸发的原因。而金属有机骨架化合物可保证在即使低于 5000 千帕的压力下，依然可以增大气体密度。但无论如何储存和运输甲烷，原则上都必须在燃料电池的上游连接一个转换器，以便从甲烷中提取氢气用于下游的冷燃烧过程。但这样的转换器不仅价格高昂，而且容易发生故障。

固体氧化物燃料电池（Solid Oxide Fuel Cell，简称为SOFC）和熔融碳酸盐燃料电池（Molten Carbonate Fuel Cell，简称为MCFC）是在600℃-1000℃下工作的高温燃料电池。这两种电池的优点在于无须转换器的参与，即可将甲烷直接作为燃料气体使用，但缺点是需要较长时间的连续运行才能达到相应的工作温度，不能简单地根据需求进行开启和关闭。尽管如此，这两种电池仍在地方性热电联产厂发挥了巨大的作用，自2015年以来，其产生的电能和热能一直在供当地的住宅楼使用。

结论

以我的观点来看，住宅房屋安装以燃料电池作为小型热电联产装置的发电设备是长远之计。但只有当天然气和石油的成本已经高到令我们无法负担时，这种情况才会变得普遍。尽管这样，燃料电池仍具有发展潜力。

另外，内燃机作为一种可靠且成熟的技术，也可用于甲烷发电过程，这一过程被称为卡诺循环，但其转化效率远远低于燃料电池，大约为30%。很不幸，这一过程会产生一定的噪声。需要注意的是，这种分散的小型热电联产厂只有依靠数据网络，并在全球范围内协调小型热电联产厂的发电量时，才会取得重大突破。

燃料电池可用于汽车吗？

简而言之，就目前的技术来看意义并不大。原因在于高温燃料电池必须在低温下才能运行，并且它们需要有带转换器的甲烷或液态氢。无论用哪种方式，燃料电池中使用的膜电极组件（Membrane Electrode Assembly，简称为MEA）均由大量铂金制成，会发生催化反应 $2H_2+O_2 \rightarrow 2H_2O$，这就是目前汽车燃料电池的成本约为 50000 欧元的原因。罗兰贝格咨询公司的一项研究表明，即使到 2030 年燃料电池的成本降到 9000 欧元，想使其在市场上有所突破，成本仍然太高。"只有实现对无铂催化剂的突破，才能发挥出巨大的市场潜力。"研究者沃尔夫冈·伯恩哈特（Wolfgang Bernhart）说。然而，从技术上讲，这种无铂催化剂想要实现批量生产还为时过早。

但为何要先通过 H_2 和 O_2 的催化反应产生电能，然后再将其转化为前进的动能呢？宝马汽车在过去十年中推出的氢能宝马 7 系的想法更简单，即在普通汽油发动机中加入氢气作为燃料，虽然效率大约只有 30%，但它是可行的。不仅不需要进行重大改装，而且还可作为混合动力与普通汽油发动机相结合——操作简单，技术可靠。

　　然而，这两种解决方案目前都无法盈利。不仅因为此类汽车的生产成本高，而且与小型热电联产厂一样，还需建造生产和分配氢气或甲烷的新基础设施。这个过程太复杂了，如果不是由于油价飙升或者气候保护迫使我们必须这样做，那么很长一段时间内都不会发生任何改变。因为在减少二氧化碳排放方面，氢气循环已然占尽优势，如果用太阳能生产氢气，就不会产生二氧化碳。

"非常遗憾：愚蠢的人总是自信满满，而聪明的人却充满疑问。"

伯特兰·罗素

英国哲学家

有关节约供暖成本的悖论

如何节省更多的供暖费用：暖气阀门常开还是间歇性关闭？

我在一个互联网论坛上偶然看到了这个问题，并想起来这个问题至少在50年前就已经被激烈地讨论过，尽管正确答案一目了然。现在就来跟大家聊一聊。

持续少量的供暖

大约30年前，我的一个好朋友郑重其事地说，为了节省供暖成本，即使屋内长时间没有人，也必须打开暖气。他的理由是，如果你关掉暖气，室温就会降下来，此时，要让房间恢复到室温所需的热量将大于一直持续慢慢供热以保持室温的热量。G. 韦泽纳（G. Wesener）在网站上发表了类似的帖子，内容几乎是哲学性的："就整个供暖系统而言，关闭阀门总是意味着倒退一步，想要再前进一步就需要额外的热量。因此，让暖气持续不断地散热才是更正确的选择。"但通过持续供暖可以节省供暖费用吗？这就是我所说的节约供暖成本的悖论，因为它听起来多多少少是合乎逻辑的，不是吗？

接下来的解释会证明这种说法在本质上是错误的。假设将冷却的房间恢复到室温需要7个热量单位，而保持室温每天仅需1个热量单位。那么我们马上就能得出结论，房间内持续供热超过一周比将其从冷却状态恢复到室温的成本更昂贵。这种解释与确切数值无关，只是向我们表明：在某些时候是一定需要关闭暖气阀门的，而不是让它一直开着，这也是常识。然而现在的问题是：什么时候应该这样做呢？

低一点儿，省一点儿

为了找出答案，让我们仔细观察一下房间（以下理由是我能想到的最通俗易懂的，但看起来可能仍然很复杂。抱歉，正确答案有时需要经过仔细的思考。如果你想略过这些细节问题，请直接跳到"节约并不总是划算的！"一节）。

假设你在家里感到舒适的温度是 24 摄氏度，而此时室外的温度是 14 摄氏度，那么两者的温差 ΔT=10 摄氏度。令房间的传热系数为 U，这个值也被称为 U 值，该值被定义为通过墙壁或窗户传递的热量，是描述房屋隔热性能最常见的参数，并且对于房屋建筑商而言是不可忽视的一个重要参数。U 值的确切大小在这里并不重要，重点是要明确 U 值与房间的隔热效果成反比。从房间中散走的热量的计算公式为 $W=U \cdot \Delta T \cdot A \cdot t$。其中 A 是房间的散热面积，包括了墙壁地板和天花板等，t 是热量散走的时间间隔。

我们在 ΔT=10 摄氏度的情况下，把 1 小时内透过墙壁损失的热量称为 1 个热量单位。这是暖气必须提供的热量，以使房间在 24 摄氏度的温度下维持 1 小时。或者，假设房间里 1 小时内没有供暖，温度因此下降了 1 摄氏度至 2 摄氏度（诚然，这是一个隔热效果相当差的房子，但并不影响我们需要考虑的因素），那么使房间的温度回升到 24 摄氏度需要多少热量？好吧，如果持续不断地供热，房间则会保持在 24 摄氏度。因此，再次使温度回升到 24 摄氏度所需的热量约为 1 个热量单位。事实上，它低了那么一点：因为房间在半小时内有 ΔT=9.5 摄氏度和 ΔT=9.0 摄氏度，因此根据 $W=U \cdot \Delta T \cdot A \cdot t$，只需要 $^1/_2$+0.95×$^1/_2$=0.975 个热量单位就可以使房间温度回升。剩下的可以通过进一步细化算出一个更准确的回升热量值，不过它的减少量微不足道。

降得多，省更多

但现在问题出现。由于 1 小时后 $\Delta T=9$ 摄氏度，因此根据 $W=U \cdot \Delta T \cdot A \cdot t$，你只需要 0.9 个单位的热量就能使房间保持在 23 摄氏度而不是 24 摄氏度。如果让夜晚的温度进一步下降，你也可以节省这 0.9 个热量单位，2 小时后温度会下降到 22 摄氏度。若要再次回到 24 摄氏度，则需要 0.9+1=1.9 个热量单位。另外，你需要 2 个热量单位才能让房间的温度始终保持在 24 摄氏度！因此，很明显，如果在晚上要让温度下降到 18 摄氏度，虽然节省了 6 小时 ×1 个热量单位 =6 个热量单位，但在第二天早上需要 0.5+0.6+0.7+0.8+0.9+1.0=4.5 个热量单位才能将房间温度从 18 摄氏度回升到 24 摄氏度，这就等于节省了 1.5 个热量单位！

节约并不总是划算的！

　　"如果关掉暖气，甚至只是调低温度，在什么时候会节省热量？"对此答案是：你一直都在节省！从这个角度来看，节约供暖成本悖论不是矛盾的，而是完全错误的。但是，时间越短，温度降得越低，房子隔热效果越好（U值越小），你节省的就越多！因此，隔热良好的房屋有两个优点。我不仅在一年中节省了供暖费用，而且如果我半天都不在家，也不用把暖气调低。更重要的是，当我回来的时候，房间立刻变得舒适和温暖。但是，在隔热效果极好的房屋中，你必须注意在尽可能不损失热量（意味着成本更高）的前提下保持良好通风。结论：对于具有良好通风条件的现代化隔热房屋来说，只有当你长时间不在时才需要调低暖气，从长远来看是实用且值得的。

"如果只涉及日常生活，常识可能是一个很好的工具；但当科学研究达到一定难度时，常识就是一个不充分的工具。"

汉斯·赖欣巴哈（Hans Reichenbach，1891—1953）

德国自然哲学家

引自《科学哲学的兴起》

LED 灯具知识知多少

　　LED 灯能发光。这正是与传统白炽灯的不同之处。若要购买合适的 LED 灯，你应该对此多了解一些。

我们看不到光！

　　并非所有的光都是一样的，尽管看起来都一样。人们通常理解的自然光是指那些所谓黑体[①]的光。现在有人会问，这堂课必须讲物理吗？应该是的，因为只有从根本上理解了光学的人，才知道如何看待有关光的问题。

　　举个例子：我们通常看不到光！例如，如果打开一支激光笔，那么只有在它击中墙壁并反射到你的眼睛里时，你才会看到它的光。光线本身是看不见的！因此，只有射

[①]　黑体：一个能够吸收外来的全部电磁辐射，并且不会有任何反射和透射的理想化物体。黑体不能反射电磁波，但可以放出电磁波，其波长和能量只取决于黑体温度。——编者注

入眼睛的光线才能被感知。然而，这个显而易见的问题在浴室照明中却常常被忽视。卤素射灯从上方照射到洗脸盆时，可能会使浴室的照明效果更好，这是深受女性喜爱的，但却不能用它来照镜子和化妆。为什么呢？正如许多人认为的那样，为了看清自己，需要照亮的不是镜子，而是自己的脸。要做到这一点，光线必须从侧面或最好从正面照在脸上。如果光线来自一个单一发光点，眼睛就会觉得不舒服，它会让人感到眩晕。这就是为什么最好的浴室镜子照明是安装在镜子左 / 右侧或上方的带状荧光灯管。

LED 灯的亮度

这给我们带来了一个重要的问题：并非所有的光都是一样的。那什么是真正的光呢？光通量是衡量一个光源所发出全部可见光的物理量，计量单位是流明。它是光源（灯）的重要性能特征，包括 LED 灯，应在每个 LED 灯封装上注明。然而，一个具有较大流明的灯在我们看来不一定是明亮的。如果光被反射器捆绑在一个方向上，则会有更多的光以相同的流明数被发射到某个立体角。因此，这个立体角的光线"更亮"。这种亮度称为光强，计量单位为坎德拉。光束也是灯的一个特征，对于带反射器的灯具，通常也会规定光束角，一般为 25 度或 40 度。但有一点是明确的：较小的光束角在辐射的方向上会产生更多的坎德拉，但被照亮的区域却更小。如果你想要更大的照明立体角以得到更大范围的亮度，唯一的解决办法就是增加流明。

LED 灯的功率

对于普通的灯泡，不需要了解这段信息，因为人们总是假设灯光会向四周辐射。但是，它们的亮度完全取决于消耗的功率。因此，对于白炽灯的电功率，我们不会用流明让买家觉得一头雾水，而是用瓦特来表示。由此买家不仅可从经验中获知灯泡的亮度，还能知道耗电量。

LED 的功率通常也以瓦特为单位，所以我们能获知其耗能，但由于 LED 的发光效率完全不同于白炽灯，因此制造商通常会注明"相当于 ×× 瓦的白炽灯"。一开始你可能会觉得很人性化，因为不用再去习惯流明，但这样还是会有些问题。不好的一点就是，对于白炽灯来说，功率和流明之间的关系不是线性的。一个 25 瓦的白炽灯发出的光约为 230 流明，但一个 100 瓦的灯发出的光不是 4×230 流

明 =920 流明，而是大约 1400 流明，即多出 50% 的光通量。然而，一个给定的 LED 的光通量始终与电功率呈严格的线性关系。因此，如果将 LED 灯调暗至 50% 的功率，也只能得到一半的亮度（以流明或坎德拉为单位）。由此得出，白炽灯的发光效率与功率成正比，而 LED 灯的发光效率却不是这样。因此，在给定的亮度下，白炽灯和 LED 灯之间没有固定的功率转换系数，尤其是不同制造商生产的 LED 灯的效率差异很大（从 40 流明 / 瓦到大约 100 流明 / 瓦不等）。粗略地说，一个 700 流明（相当于 60 瓦白炽灯）的 LED 灯的发光效率比白炽灯要高 5 至 10 倍。我一直粗略取 8 来进行计算。

光源的色温

LED 灯的重要特征不仅包括每瓦特的流明和光束角，还包括色温和显色性。这就回到了上文提到的"黑体"这一概念。根据亮度的不同，眼睛也"期望"看到不同的色温（色调）。色温又是什么呢？对于眼睛而言，只有由固体在一定温度下发出的光才是合适的光。发光电炉板的温度约为 500 摄氏度，看起来呈红色。这种辐射固体的温度越高，其色调就越偏黄，最终变成白色。在物理学上，具有这种特性的光源被称为黑体。太阳的温度为 5430 摄氏度 = 5700 开尔文（K），在白天是白色的自然光——完美的光线。但随着太阳落山，太阳的亮度骤然下降，且色调由于大气层的吸收而降低，就好像它的温度还不到 1000 开尔文一样。因此，太阳表现得就像一个黑体。眼睛也期待室内的环境是相同的情况。如果我们调暗光线，光线应该会变得"更舒适"，即更偏红。这也正是白炽灯的表现方式，因为就像太阳一样，它是一个完美的黑体。

LED 灯的色温

LED 灯则完全不同。它不能被看作一个黑体，在调暗时只有亮度会发生变化，而色调没有变化。因此，对我们来说，暗淡的 LED 灯总是比暗淡的白炽灯更让人感到不舒服。所以，喜欢营造浪漫氛围的人要注意：调暗 LED 灯不能代替烛光，但调暗白炽灯却是可以的！由于具备可调光功能的 LED 灯在技术上更为复杂，价格也更加昂贵，通常市面上的 LED 灯都有可调光和不可调光两种版本。因此，如果包装上没有明确说明是可调光的，那么通常是不可调光的！在室内，我们应选择色温为 2700 开尔文的暖白光 LED 灯，或 3000 开尔文的强光 LED 灯。但由于这种暖色调的 LED 灯在技术上更难生产，所以一些建材商店经常将高达 6000 开尔文的 LED 灯推销给你（没有明确说明），但它们的光线看起来是冷蓝色的，无法在室内使用。

LED 灯的显色性

LED 灯还需要考虑的一个问题是显色性，可用显色指数（国际上：CRI = color rendition index）来衡量，其范围从 0 到 100。白炽灯作为黑体通常具有完美的显色性（CRI=100），也就是说每一种物体的颜色在白炽灯灯光下看起来都一样赏心悦目。然而，就其性质而言，LED 灯只辐射单一波长（颜色），因此会出现显色指数 CRI=0 的情况。若要从中获取白光，最简单的方法是使用高效的蓝光 LED 灯，其部分蓝光可通过浅黄色发光层转化为黄光。然而，原始的蓝色总是占主导地位，因此这种廉价但高效的 LED 灯看起来总是偏蓝，即色温太高，CRI 值也很差（显红性差）。但使用更昂贵且效率仅为其一半的 UV-LED 灯（紫外发光二极管）可以获得更好的光线，它有红、绿、蓝三个发光层，能相对均匀地覆盖光谱范围，其 CRI 值为相对更高的 80 至 90。只有这种精心设计的 LED 灯才值得推荐，价格也只贵一点点。可惜的是，制造商很少说明这一重要的 CRI 值。尽管还有更好的 CRI 值，但这些高质量的 LED 灯有时仍然有轻微的色偏。因此，在关键的时候，你应该购买一个 LED 灯试用版，并直接与相同亮度（相同坎德拉！）的白炽灯进行比较。

LED 灯的长度和点亮持续时间

最后，还有关于 LED 灯的三个小问题。LED 灯的底座和直径与传统灯一般是兼容的，但它们的长度却不一定！虽然任何带有 GU10[①] 灯座的 LED 灯都可以安装在带有 GU10 灯座的卤素灯灯座上，但前者可能比 55 毫米长的卤素灯反射器要长，因此可能会从灯具中突出来，看起来不太雅观。

真正让我个人感到恼火的是，LED 灯不是立即"亮"，而是在很短的时间后才亮，就像一些节能灯一样。现在人

---

① 一种灯座规格。G 表示灯头类型为插入式，U 表示灯头部分呈现 U 字形，后面数字表示灯脚孔中心距为 10 毫米。——编者注

们会认为 LED 灯不会发生这种情况，因为 LED 灯是半导体元件，应该立刻亮起来。但由于 LED 灯需要的电源电压只有 2 伏或更低，而通常电源电压为 230 伏或 12 伏，因此 LED 灯需要一个内设电源转换装置来转换成低压，有时候转换器也同样需要这一装置来实现电压的转换。当然，制造商没有在包装上注明这种令人不快的情况。因此，我们只能在买之前试用一下。

"好故事不一定是真的，但物理学是真的。"

保罗·J. 纳辛（Paul J. Nahin, 1940—　）

美国科普作家

引自《时间机器》

禁止开车对防治粉尘颗粒物有效吗？

绿党多年来一直呼吁：在大城市禁止柴油车。这在未来可以实现什么样的目标呢？下面是一项调查研究。

就像中了魔咒一样，我们一直坚信，粉尘颗粒物对健康有害。但是这些粉尘颗粒物究竟从何而来？哪些对我们的身体有害？又有多大的危害？奇怪的是，我们没有看到任何关于这些问题的相关媒体报道。所以我开始寻找可靠的数据。

并非所有的粉尘颗粒物都一样

人们总是比较笼统地谈论颗粒物，但并非所有颗粒物都是一样的。我们就以此为切入点来探讨一下。德国人喜欢测量颗粒物 PM10，因为它最容易测量。"PM"代表"颗粒物"，后面的数字表示粉尘的直径，单位是微米，这里指的是 10 微米大小的粉尘。柏林甚至有一个实时的空气质量监测指数，链接如下 [1]。这样的监测非常好，但可惜只有对 PM10 的监测。如果能检测更细的 PM2.5 就更好了，因为 PM10 只渗透到鼻咽部，对健康几乎没有危害。

PM10 排放比例

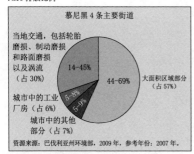

道路交通的 PM10 排放构成

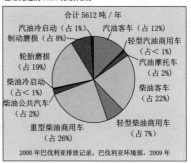

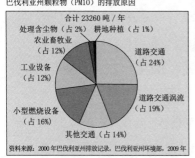

慕尼黑和巴伐利亚州的颗粒物 PM10 排放量（图片来源：巴伐利亚州环境与公共卫生部）

---

[1] http://aqicn.org/city/germany/berlin/de.

　　但是人们可以看到这种丑陋的污垢。对许多人来说，只有看得见的东西才是不好的。然而 PM2.5 或直径更小的颗粒物才对我们的健康有害，因为它会侵入到气管、支气管和肺泡中，然后进入血液，进而导致脑血管功能不全（中风）和冠心病（心脏病发作），并且 PM2.5 是肉眼看不见的。

粉尘颗粒物的来源

　　先说 PM10。PM10 的最佳数据可以从慕尼黑市中心的上空获取。兰茨胡特大街（通往西部的一条进出道路）可以说是颗粒物地狱。那么 PM10 是由什么组成的呢？来自慕尼黑周边地区的粉尘所占比例最大，约为 57%，但只有约 30% 来自慕尼黑市中心的交通。其中，24%／（24%+19%+14%）≈ 42% 是由道路交通造成的。柴油客车的烟尘占 22%，柴油商用车的烟尘占 35%。事实上，在慕尼黑市中心运行的柴油车所产生的 PM10 仅为 2.8%。如果禁行所有的柴油车，PM10 将从目前的 20 微克／立方米减少到 19.4 微克／立方米。这个监测很棒，我认为这些数据结果基本可以套用到德国其他的主要城市中。

　　颗粒物的来源不单单是我们所熟知的道路交通，它还有其他的来源。由硝酸铵和硫酸铵产生的颗粒物占比最大，占 20% 至 38%（取决于地点）。铵盐来源占比最大的是牲畜养殖业，它是由农业牲畜排放的氨在大气中与其他空气污染物（如二氧化硫、氮氧化物）相互反应而形成的。

真正的问题是含有 PM2.5 的铵盐

铵盐主要产生于上述占比 57% 的慕尼黑周边地区和城市。这些铵盐实际上是 PM2.5 甚至更小的颗粒物。因此它们永远飘浮在空中，并可通过风扩散到更大的范围。如果你看一下 PM2.5 在德国上空的分布，实际上没有出现任何城市热点——在德国 PM2.5 浓度大致相同。只有柏林和莱比锡（亮点）的数值是周围地区的两倍左右。

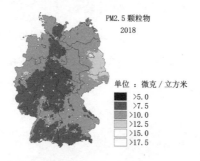

2018 年德国颗粒物 PM2.5 的排放情况。（图片来源：德国联邦环境局）

但这些 PM2.5 正是引起健康问题的症结所在。著名期刊《自然》在 2015 年 9 月刊登了一篇关于颗粒物对死亡率影响的国际研究（正是这篇研究让我对颗粒物产生兴趣）。每年全球因颗粒物而死亡的人数为 330 万，其中德国就有34000 人，主要是 PM2.5 所致。在这死亡的 34000 例死亡中，45% 是畜牧业排放的硫酸铵所致，相比之下，只有 20% 是道路交通排放的颗粒物所致。

每年有 6800 人死于道路交通排放的颗粒物，但每年只有 3400 人死于交通事故！此外，德国每年有 15300 人因畜牧业排放的颗粒物而死亡。那些想栽赃畜牧业的人应该要知道，德国每年有 11.4 万人死于脑血管功能不全（中风）和冠心病（心脏病发作），而因颗粒物造成这类病的死亡人数只占很小的比例，即畜牧业占 13%，道路交通仅占 6%。这确实不可忽略不计，但占比较小。

就我个人而言，我可以接受畜牧业和道路交通带来的这种后果。脑血管功能不全和冠心病占德国所有死亡人数的 13%，所以死于畜牧业产生的颗粒物的概率只有 1.7%。我认为，对于好的生活品质来说，经过农民养殖而提供上桌的牛排 100% 比素牛排更重要。

"不期待意外的人，就不会得到意外之喜。因为对他而言，这
将是无法追寻和获得的。"

德谟克里特（公元前 460—前 370）

古希腊哲学家

艾伦打破菲利克斯的纪录

　　谷歌高级副总裁艾伦·尤斯塔斯（Alan Eustace，1956—　）在全世界几乎都没有注意到的情况下，于 2014 年 10 月 24 日打破了菲利克斯·鲍姆加特纳（Felix Baumgartner，1969—　）在 2012 年创下的纪录。仅此而已吗？

　　这个世界简直有些不公平。2012 年 10 月，菲利克斯·鲍姆加特纳穿着宇航服从 39 千米的高空跳下，并创造了三项世界纪录。其中包括了速度达到 1357.6 千米／小时的"最大垂直速度"，因此成为首位完成超声速自由落体的跳伞运动员。他的准备动作和三次跳伞都是精彩绝伦的表演，尤其最后一跳更是创造了世界纪录，发布的图片和视频简直无与伦比，公众也为之疯狂。

　　但对于在跳伞界名不见经传的艾伦·尤斯塔斯来说却有些不公平了。2014 年 10 月 24 日，他从 41 千米的高空跳下，并创造了三项世界纪录。虽然此举也获得了负责记录此项运动的国际航空联合会的认可和记载，但由于各大主流媒体都未对此进行报道，并没有受到媒体界的重视，在公众的印象里这三项世界纪录几乎就不存在。

菲利克斯·鲍姆加特纳的纪录

我们必须仔细回看这两次跳跃，同时进行准确的评估。菲利克斯·鲍姆加特纳乘坐一个压力密闭的吊舱，从海拔38.9694千米的高度让自己自由下落（第一项纪录：最高跳跃高度）。整整50秒后，他在海拔28.833千米处达到了1357.6千米／小时或1.25马赫的最大垂直速度（第二项纪录），然后在2.5668千米的高度上才拉动降落伞，为他赢得了36.4026千米的最长自由下落距离（第三项纪录）。随后的降落伞着陆就是常规动作了。

艾伦·尤斯塔斯的极简主义

艾伦·尤斯塔斯的想法则不尽相同。他采用了既简单又行之有效的方式打破了上述纪录，即撇开一切不必要的东西。反正都是要穿着充满压力的宇航服，为什么还要增加一个沉重的压力密封吊舱呢？所以，丢掉吊舱！只穿压力服并借助氢气球往上升。这个系列视频给人留下了深刻的印象。即使在比菲利克斯更小的气球中，仅凭这种减轻重量的方法就使他达到了 41.420 千米的高度，比菲利克斯高出了 2.45 千米。他在那里切断了绳索（第一项纪录：最高跳伞高度），然后向下坠落。

由于平旋引起的红视症

艾伦并不是想轻生。虽然他并非一名有经验的跳伞运动员，但他清楚与菲利克斯相比，因平旋引起的红视症问题更大，而且可能是致命的。（人体的平旋是指围绕其横轴的旋转，因为此时的旋转看起来是平的。这时的离心力非常大，血液被强行压入头部和腿部，导致眼睛视网膜中极度充血，十分危险，就像人在失去意识前不久会看到红色环境，这就是所谓的红视。）因此，艾伦在跳下的同时，拉开了一个稳定伞。这种伞又被称为减速伞，它可以避免身体不受控制地旋转。菲利克斯在一次谈话中告诉过我，他曾试图通过伸展手臂来控制身体的旋转。开始时，他伸出了左臂，但这只增加了他围绕纵轴的旋转。在那一刻，他机智果断地拉回左臂，然后伸出了右臂以减少旋转。在这种紧要关头，要知道随着旋转的增加可能会导致红视，然后失去知觉，这一系列动作需要具备丰富的经验和冷静的头脑。

破纪录稳了

正如我所说，艾伦几乎没有做任何动作，只是借助一个小型辅助伞来稳定自旋。辅助伞受到的空气阻力降低了艾伦的下降速度，因此艾伦尽管跳跃高度更高，但最高垂直下落速度仅为 1321 千米 / 小时，差一点儿就能打破菲利克斯 1357.6 千米 / 小时的纪录。但他同样是超声速飞行，观众也通过震耳的音爆见证了这一点。在此过程中，他创造了国际航空联合会"带减速伞最大垂直速度"类别的新纪录（第二项纪录）。因为艾伦跳跃高度更高，下落距离也就更长，即 37.617 千米。这被记录在"带减速伞或稳定装置的最大自由落体距离"类别中（第三项纪录），并且是不同于菲利克斯的自由落体纪录的。这可能不如菲利克斯在真正的自由落体中实现的 36.403 千米有说服力，但这是一个公认的纪录，只是所属类别不同而已。而到头来，重要的往往只是记录的数据，而不是它们可以讨论的细微差别。那么，什么是"真正的自由落体"呢？宇航服对空气阻力和身体自旋也有很大的影响。可能会有人萌生以下想法：重演艾伦跳伞并在宇航服中嵌入一个特殊的接缝来代替减速伞，仅靠这条缝就足以稳定身体自旋。宇航服中的哪条褶皱或接缝不是用来维持身体平衡呢？或者说何时才会用来维持身体平衡呢？

人靠衣装

顺便说一下，"宇航服"一词和赞助菲利克斯跳伞的红牛公司所打的广告语"从太空边缘跳下"，令许多人相信他是从太空中跳入大气层的，事实上并非如此。根据国际标准，太空是从 100 千米的高度开始，菲利克斯和艾伦的跳跃高度与之相差甚远。40 千米高空的气压较低，需要运动员穿上压力服，所以他们都穿上了一套基于太空技术设计的压力服，看起来就像穿着太空服的宇航员。但这完全是两码事。

日常生活中的科学

"惊奇是哲学家的标志，是哲学的开端。"

柏拉图

古希腊哲学家

引自《泰阿泰德篇》

为什么冰很滑?

为什么冰是光滑的，而石板路不滑？我们最近才知道准确的解释，通往这个答案的道路就像一部侦探片。

大家应该都知道，如果早上洗完澡出来，你会提醒自己：要小心一点，否则湿透的脚踩在地砖上就会滑倒。用毛巾把脚擦干，就不会打滑了。而下面的情况恰恰相反。潮湿的脚不知为何像被粘在光滑的瓷砖上一样，脚在地上来回蹭还会吱吱作响。等大约 10 分钟后双脚再次变干，正常的抓地力又恢复了。

很明显，脚和光滑瓷砖之间的水膜导致了打滑，因为液态水和任何其他液体一样，不具有抗剪切性，也就是说，它不能抵抗剪力 [1]（剪切力）。

---

[1]　剪力：又称"剪切力"。"剪切"是在一对相距很近、大小相同、指向相反的横向外力（即垂直于作用面的力）作用下，材料的横截面沿该外力作用方向发生的相对错动变形现象。剪力就是能够使材料产生剪切变形的力。——编者注

在显微镜下观察打滑

但是，为什么潮湿的脚比湿的或干的脚更具黏附性？这与脚和瓷砖表面的微观结构有关。它们不是绝对光滑的，在显微镜下看起来层峦叠嶂。当脚部干燥时，这些微型山峰相互接触容易啮合，因此通常不会滑倒。但这种接触只发生在部分表面，不是完全覆盖整个表面。这就是脚部残留的水分发挥作用的地方。一点点水分并没有形成光滑的水膜，只是填补了其中的缝隙，这使得触感变得平坦。而作为填充物的水在显微镜下像黏合剂一样发挥作用，使附着力增加。当双脚再次完全变干时，水分消失，两个固体表面之间就会恢复正常的附着力。

如果我们现在问："为什么冰是光滑的？"那么按理说，冰的表面一定有一层薄薄的液态水膜，在上面可以"滑行"。乍一听很矛盾，因为固态是冰的特性。正如经常出现的假悖论一样，魔鬼就藏在细节之中。是的，冰的表面是固体，但是……

人们一直都这样认为

当某个物体接触到表面时，表面就会发生变化。那么究竟发生了什么变化呢？科学家们长久以来一直对此十分感兴趣。但要注意的是，当冰鞋踩在冰面时，冰刀会妨碍对冰鞋和冰面之间区域测量。因此，科学家们最初只能猜测可能会发生什么。直到几十年前，最流行的解释就是冰在压力下会发生融化。这实际上是水的一种非常奇特的属性。因为通常情况下，固体在压力下会变得更加坚固。而狭窄的刀刃会产生很大的压力，导致在刀刃下形成一层水膜，滑冰者就能在冰上滑行。

这是人们过去的想法，也是学校教给孩子们的知识。但这是错误的。举例来说：当你穿着一双普通的鞋子站在平滑如镜的冰面上，几乎很难滑倒。而当你在冰上采取助跑的方式滑行时，冰面才会变得湿滑——尽管面积相对较大的鞋底在冰上产生的压力非常小。因此，水膜的形成与压力的关系不大，而与冰上运动有关。直到最近，科学家们才认为冰鞋的刀片表面与固体冰块之间产生的摩擦热会使冰块液化，从而可以使人在形成的水膜上滑行。

但并非所有科学家都相信这种解释。因为通过测量显示，零下 10 摄氏度的水膜比冰要光滑 20 倍左右。此外，滑行力对温度的依赖性跟预期相比有很大不同。在零下 20 摄氏度到 0 摄氏度的温度范围内，滑行力随着温度的升高而增加，不是以连续缓慢的线性方式，而是迅速增加，直到冰在 0 摄氏度时像水一样光滑。摩擦热理论似乎还算正确，但显然并不完全正确，仍然缺少一些支撑。

让人眼前一亮的发现

2015 年，来自北莱茵-威斯特法伦州于利希研究中心的科学家博·佩尔森（Bo Persson）发表的一篇文章为我们提供了关键线索。他表明，对于随温度变化的滑行测量可以用幂律[①]来描述，此外，可滑行层的厚度会增加，它以对数方式发散。虽然佩尔森没有用这种描述对滑行现象直接进行解释，但这些定律让每个物理学家都为之"心动"。具有临界指数（此处为 0.15）的幂律行为定义了一个所谓的"临界现象"，即结构在临界温度（此处为 0 摄氏度）

---

① 幂律：又称幂定律、幂法则，表述两个量之间的一种函数关系，描述其中一个量的相对变化导致另一个量的相对变化的关系，而与这些量的初始大小无关。一个量随另一个量的幂而幂律变化。——编者注

左右时的表现。

这使所有物理学家清楚地知晓到底发生了什么：冰表面的晶格结构并不像以前认为的那样在0摄氏度时突然变成水状（没有所谓的一级相变），而是在摩擦热的影响下，其边界层发生了连续的二级相变。这意味着晶格结构首先只是逐点溶解，然后溶解速度逐渐加快，溶解区域逐渐变大，溶解层深度不断增加，直到在0摄氏度时彻底变为液体。与此同时，在没有外部摩擦热的情况下，整块冰突然变成液体——这是众所周知的。

边界层究竟发生了什么？

现在还剩最后一个问题，冰的边界层为什么在增加摩擦热的情况下会出现溶解现象？根据经典理论，只要温度低于0摄氏度，那么它就应该是固体，这里就是这种情况。我对此现象的解释来自20世纪中叶的伟大物理学家法拉第：他注意到，把两块冰块放在一起，很快就会冻结为一体，似乎两者之间存在一个边界层，但却只有几个原子层的厚度，即使没有额外的摩擦热也会"液化"。

固体的表面与内部区域的属性略有不同，这种情况并不少见。内部区域的原子总是被所有空间内任一方向的相邻原子所包围，这就是定义固体结构的方式。然而，固体表面的原子是没有结合力的，与内部的原子往往具有不同的结构，因此它们经历了所谓的表面重建。当然，位于表平面下层的原子也会"看到"这种结构重建，并且必须适应它。因此，重建现象一直向下延伸了几个原子层，并在此过程中不断减弱。在接近熔点的情况下，冰的表面重建似乎是增加了无序性，从而导致部分液化，向一定的厚度层递减延伸。

有了这些知识，冰块表面的现象就可以理解为：首先，未受力的冰块有一个天然的液化层，只有几个原子层的厚度（见法拉第的黏附效应），但由于液化层太薄而无法在上面滑动。然而，在摩擦热的影响下，它就扩大至可以使滑冰者在冰上滑行的程度。经验表明，理想的冰块温度是零下 5 摄氏度。如果温度更低，那么摩擦热就不再足以使边界层"液化"到足够深。在温度低于零下 20 摄氏度的情况下，据说什么都不起作用了，只有收拾溜冰鞋回家了。

正如我所说，这种解释不是基于对边界层的精确观察，因为我们没法对其进行观察，而纯粹是通过间接的证据。但现在一切都契合了，谜团被解开了，所有科学家都满意了，可以转向下一个悖论了。

"对真理的探索始于怀疑。"

乌尔里希·沃尔特（Ulrich Walter, 1954—　）

为什么热水比冷水结冰更快？

"热水比冷水结冰更快。"这是神话吗？不，这不是神话，魔鬼就藏于细节之中。

有些神话不会消亡，因为它们太完美了不会有错。比如说，物理学家已经证明，大黄蜂不能飞行。虽然这不是事实，但它仍然经常被那些根本不相信科学的人拿来举例。我已经在"大黄蜂违背物理学了吗？"一节中对物理学如何解释大黄蜂的飞行进行了阐述。

还有一些神话也需要重视，因为它们描述的是悖论，即它们似乎与科学认知相矛盾，确切的解释尚不清楚。其中之一就是：热水比冷水结冰更快。这个悖论最早在古希腊时代由亚里士多德首次提出，并在整个中世纪和现代的实验中被反复证实。这个结论非常著名，在互联网上随便一搜就能查到，例如在《时代》周刊著名的"Stimmt's？（是这样吗？"）专栏[1]（那里的解释是错误的）或在 YouTube 视频（实验还算有趣，但实验过程前后不一致，且没有进行解释）都能看到。

这不可能！

但对于任何有逻辑思维的人来说，都会觉得毛骨悚然。这绝对不可能！当热水冷却到最初冷水的温度时，冷水已经进一步冷却了。而当冷却的热水温度降到更低时，冷水又变冷了，如此推进。这似乎就像阿喀琉斯和乌龟的悖论，阿喀琉斯永远无法追上乌龟，尽管他跑得比乌龟快。

然而，阿喀琉斯和乌龟的悖论很快就被打破了，因为它包含了这样的谬误：无限多个递减时间间隔也意味着无限长的时间。事实并非如此。如果阿喀琉斯比乌龟跑得快，那么无限的时间序列就会收敛到一个有限的值。只是对于水来说，情况有所不同，因为相同的水在相同的温度条件下的冷却速度总是相同的。因此，这里的无限时间序列出现了对数发散，因为温差呈指数减少，但永远不会变为零。

---

[1]　http://www.zeit.de/stimmts/1997/1997_27_stimmts.

在这种情况下，热水无法达到冷水的温度。

但无论如何，它确实如此！这就是为什么这个棘手的悖论被赋予了专有名称——姆潘巴现象，它是以埃拉斯·B. 姆潘巴（Erasto B. Mpemba，1950—　）的名字命名的。1963 年，就姆潘巴还是学生时就发现了它，并于 1969 年作为科学家发表在《物理教育》杂志上。詹在 2006 年发表了一篇评论文章，布朗里奇在 2011 年通过更精确的实验给出了科学的解释。

魔鬼藏在细节中！

当一些事情看上去有违逻辑，通常可用"魔鬼藏在细节中！"这一句话来解释。这里的情况也是如此。没有人比 2014 年来自维林根多夫的学生朱利安·施耐德（Julian Schneider）更关注细节，他在德国"青少年科研竞赛"中参与了姆潘巴项目的一部分（最初与他的同学巴勃罗·沃尔斯坦一起进行）。他有哪些其他人没有的发现呢？他并不仅仅测量一杯水何时结冰，还使用了热成像仪对水在玻璃杯中的结冰过程进行了仔细观察。

施耐德发现：温度较低的水比温度较高的水更早达到

0 摄氏度。准确地说，一杯最初温度为 21 摄氏度的水需要 1.5 小时才能达到冰点，而温度为 80 摄氏度的水则需要 2.2 小时。所以我们的逻辑是对的。但从到达冰点的那一刻起，尽管冻结过程是相同的，但冻结速度却不同。位于玻璃壁和水面的水会最先结冰——当然，外界的低温环境使水从外向内冷却，然后结冰过程也由外部向内部延伸，直到整杯水完全冻结。朱利安·施耐德用他的热成像仪精确地跟踪此过程，甚至通过这种方式测量局部温度。对于"从 0 摄氏度到完全冻结"的整个过程，最初 80 摄氏度的热水只用了 5 小时，但 21 摄氏度的水却用了 6.9 小时！这意味着最初 80 摄氏度的热水在 7.2 小时后冻结，但 21 摄氏度的水在 8.4 小时后才完全冻结。这是一个令人惊讶的巨大差异，无疑证实了悖论的存在！

怎么会这样呢?

施耐德并没有通过该实验解释为什么热水冻结得更快，但他将之前相互争论的解释聚焦到一件事上：对流造成了差异！

所以这可能才是正确的解释：在整个冷却和冻结过程

中，由于最初的温度梯度偏大，较热的水具有更大的对流。在这个过程中，对流在玻璃杯的中心向上升，在边缘向下落。两个杯子在温度相同的状态下，初温较高的水在任何温度下的对流循环都要比初温较低的水更加强烈。但也正因如此，初温较高的水的冷却速度甚至略大于初温较低的水，但不会像阿喀琉斯和乌龟那样，差异大到较热的水先于较冷的水冻结。有趣的是，当内外部的水密度比在4摄氏度以下发生逆转时，施耐德也能够观测到更大的对流。这种现象需要更详细的解释。

　　水一旦结冰后就不会再在玻璃壁上循环对流，因此相比于起初温度更高且具有更大循环对流的热水，冰把玻璃杯内部更好地隔绝开了。这一悖论是由两个作用效果形成的：在冷水杯中水的循环对流较弱，这便较早地隔绝了玻璃杯内的液态水部分，使较热的玻璃杯内部和较冷的玻璃杯外部之间的热交换更为困难，这一温差能保持更长的时间；相反，在热水杯中水的循环对流较强，玻璃杯内部和外部之间的温差很快便缩小了，这就是为什么较热的那杯水会更快地被冻透。

用热水还是温水给车窗除冰更好?

在互联网论坛上,一名叫马德兰德斯的网友对以上解释举了另一个例子:"如果在冬天把热水倒在结冰的汽车挡风玻璃上,在同样的过程中,它也会比冷水冻得更快。至少这是我的看法。这该怎么解释,难道跟水的对流没有关系吗?"

对此我的解释是:对流(水涡流)同样也起着关键的作用。然而,在这里,这种现象主要是由薄水层的特殊几何形状所造成的。水层越薄,它两侧冷却的速度就越快(向内至冰冷的挡风玻璃,向外通过蒸发冷却到大气中),由此产生的表面和层中心之间的巨大温差造成了层中的强对流(水涡流)。如果挡风玻璃上的水层非常薄,那么很快就会达到0摄氏度。在这一过程中产生的非常强大的水涡流在0摄氏度时仍然存在(对流涡流,如烟圈,只是衰减得非常缓慢)。因此,就像上文中的玻璃杯一样,这里可能发生的情况是,在达到0摄氏度后,冻结的过程更快,因此最初的热水层比温水冻结得更快。但是出现这种情况的前提条件是室外温度一定非常低。否则,往挡风玻璃上泼一大盆水就足以融化夜间凝结的冰层,然后再用雨刮器将其清除，这不需要我说你都能想到。

　　结论：经过一个非常寒冷的夜晚，最好将大量的温水缓慢地倒在窗玻璃上，而不是一下子泼上少量的热水。

"你只要尝试过飞，日后走路时也会仰望天空——因为那是你
曾经到过并渴望回去的地方。"

列奥纳多·达·芬奇

意大利有史以来最著名的博学家之一

飞机为什么会飞？——下沉气流带来的浮力

在学校，老师会说这是因为伯努利效应，并在两张纸之间吹气以进行演示，然后两张纸就神奇地相互吸引。如果你从来没有理解它们之间的关系，那这个演示就算不上是一个好的解释。那么什么又是正确的解释呢？请看下文。

原则上，飞行很容易。如果某物能在空中抵抗重力掉不下来，那么就有一种力使它保持在上面，我们称之为浮力。有以下两种类型。

静浮力

首先是静浮力。这一点很容易理解，就是密度小的物体能漂浮在密度大的液体之上。例如木头可以漂在水面上。或者，当你在游泳池里深吸一口气时，身体会浮在水面上，当你完全呼气时，身体就会沉到池底。由此可以看出问题的关键在于密度，即体重除以身体所排出的水的体积。吸气时，体重并未增加，但会使游泳池中更多的水被排出来，这就是为什么你的密度会小于水的密度——然后就会上浮。

即使是橡胶气球比"液态"空气重，也会在没有充气的情况下掉到地上。但如果用氦气（一种惰性气体，比空气轻约 7 倍）填充，那么在某一时刻，被排挤的空气重量大于充气气球的重量，它就会上升。当然，气球越大，浮力就越大。

热气球也能升空，因为热空气会膨胀，所以单位体积内包含的分子比冷空气所包含的相对较少。因此，在相同体积下，热空气比冷空气更轻。所以一个大型热气球连同外壳加在一起也会比排出的相同体积的空气要轻些，尤其是在外部空气寒冷的情况下。因此，热气球在冬季的飞行效果最好。

动浮力

一架由金属（通常是铝）制成的飞机非常重，仅靠热空气或氦气都无法使其飞行，那么必须有一个由空速（飞机与空气的相对速度）产生的升力，即动浮力。如果飞机是水平飞行的，那么飞机的重力和动浮力必须完全相等。
动浮力的产生原因很快会得到解释。从飞机的角度来看，
空气会穿过机翼。如果我以某种方式使这股气流向下偏转，
那么根据牛顿第二定律，随着气流运动方向的改变，即所谓
的下洗气流，就会产生一个反作用力，从而推动机翼，推动
飞机向上升。下图显示了喷气式飞机的下洗气流是如何在云
层中切割出一条翼尖涡流的。瞧，这就是动浮力！

翼尖划过之处有旋涡的云层，由机翼的下洗气流产生。（图片来源：保
罗·鲍文）

　　问题是，如何使气流向下偏转？有两种方法可以做到
这一点：
　　一是把机翼剖面（机翼轮廓）设计成不对称的形状（例

如曲面）；二是将整个飞机连同机翼向飞行方向倾斜，这
会导致轮廓线和气流方向之间存在一定的攻角（见下图）。

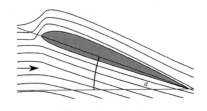

一个不对称的机翼（无曲率），在机翼轮廓线和气流方向之间的攻角
为 a 。（图片来源：特蕾莎·诺特，Gun 自由文档许可证）

　　人们常说，不对称的机翼轮廓通过伯努利效应只产生
动浮力。但从飞机也可以仰面水平飞行这一点看，这是不
正确的。对此攻角发挥了重要作用，即使它不是决定性的。
事实上，这两种方法都被运用于航空领域，甚至被运用到
了极致。例如，星式战斗机洛克希德 F-104 具有一个绝对
对称的无曲率机翼轮廓，所以它只能靠攻角飞行。此外，
高效的民航客机采用了复杂的非对称机翼轮廓，以尽可能
地减小在巡航飞行中的攻角和空气阻力。更多内容将在下
一章节中进行介绍。

浮力到底有多大?

无论气流通过哪种方式偏转,单位时间内(机翼尺寸)流过的空气越多,向下偏转的速度越快(空速),浮力就越大。该气流与空气密度 ρ、速度 v 和机翼面积 A 成正比。气流乘以偏转速度 v 是浮力。因此,动浮力与 $\rho v^2 A$ 成正比。这个比例常数就是浮力系数 c_A,它决定了气流偏转的有效程度,仅这一项就取决于特定的机翼轮廓和攻角。因此,浮力 $F_A = \frac{1}{2} c_A \rho v^2 A$。与动能 $\frac{1}{2} m v^2$ 类似,因子 $\frac{1}{2}$ 有一个更深层次的物理原因,但这与我们无关。

什么是伯努利效应?

通过气流向下偏转就能很好地解释飞机的飞行原理。那用大名鼎鼎的伯努利效应又如何解释呢?气流偏转导致机翼周围的气流产生一定的空气动力学效应。升力的空气动力学,其中包括伯努利效应,是对升力的另一种高阶解释,我们会在下一章节中讨论这个问题。

"人类必须飞到地球之上,到达大气层的顶端甚至更远的地方。因为只有这样,人类才能充分理解他所生活的世界。"

苏格拉底(公元前 469—前 399)

古希腊哲学家

飞机为什么会飞？——浮力的物理学原理

升力由物体周围的气流产生，正因如此，即使是钢琴也能飞起来。

上一章节已经表明，只有飞机的速度才能产生升力，即所谓的动浮力。现在让我们通过流动条件的三种不同因素来更详细地对此进行研究。

牛顿对浮力的解释

机翼将气流分为上层气流和下层气流，两者分别在机翼的上下方流动。从下页第一幅图中可以清楚地看到，相对于整个水平气流而言，空气再次聚集到机翼末端并向下流动，且发生了方向的改变，通过在机翼上的反冲力产生了升力（牛顿第二定律）。这是看待事物最简单的方式，正如上一章节中所阐释的那样。

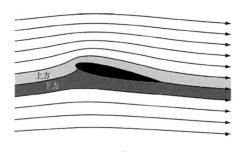

a

上层和下层空气围绕着无曲面的对称机翼（NACA 0012 翼型）流动，攻角为 11 度。（图片来源：迈克尔·贝莱尔，维基共享资源）

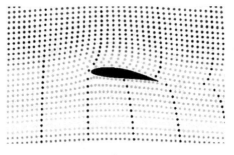

b

攻角为 8 度的卡门 - 特雷夫茨弧形机翼周围的气流动画。这些点代表了同等时间间隔的流动点。因此，水平方向上更高的点密度既代表更慢的流速，也代表更高的空气密度，从而意味着更大的压力。所示黑色点线的水平传播意味着机翼上方的流速几乎是下方的两倍。（图片来源：克拉恩内斯特，维基共享资源）

流体力学"眼镜"

　　在上页图 a 中，甚至在图 b 中能更清楚地看到，攻角和机翼轮廓导致气流线条在下侧变宽，在顶部汇集，直观清晰。然而，更窄的气流线条也意味着更高的气压，反之亦然。因此，空气从机翼前缘以越来越快的速度流向上侧的负压区，并以越来越慢的速度流入下侧。例如，在图 b 中，上侧的空气流速几乎是下侧的两倍（所谓的文丘里效应）。这种较小/较大的压力和较快/较慢的气流之间的关系被称为伯努利效应。因此，动浮力也可以解释为由机翼上下两边的压力差产生的力。

从分子角度解释浮力

　　总而言之，对浮力可做如下解释：空气从机翼的顶部和底部流过，由于分子总是在进行最微小的颤动（分子的布朗运动——在暖空气中运动较多，在冷空气中运动较少），因此当空气流过时，单位时间内撞击机翼底部的空气分子（超压 = 图 b 中较大的点密度）要比撞击顶部的多（负压 = 较低的点密度）。这些来自下方的额外冲击力将机翼向上推。

　　这三种解释（牛顿的反冲力、伯努利效应导致的压力相关力和分子解释）是互为补充的，这意味着原则上可以将其中一种解释转化为任意另两种解释，其物理结果是相同的，即相同的动浮力。

　　顺便说一下，通过这些解释我们可以很明显地得出结论，原则上任何较为平滑的物体只要速度足够快就可以飞。如果将一架有平盖的钢琴背在背上，并配备一个喷气发动机，它也能飞起来。因此，带有特别大盖子的钢琴在德语中被称为大三角钢琴（Flügel），这个词的本义其实为机翼。

这样可以慢速飞行

　　正如在上一章节提到的，浮力与速度的平方成正比，$F_A = \frac{1}{2} c_A \rho v^2 A$，浮力随着速度的降低而迅速减小。在起飞或降落这种慢速飞行的情况下，飞行员只能通过借助机翼襟翼（着陆襟翼）大幅增加攻角，以此增大浮力系数 c_A 来补偿升力的不足，在着陆前巨大的嗡嗡声中可以非常清楚地听到襟翼的延伸。机翼襟翼不仅增加了机翼曲率，还增加了入射角，即机翼与飞机机身轴线之间的角度，从而增加了攻角，并使得对抗气流流入的机身和机翼面积增大，大幅增加了空气阻力。因此，起飞和着陆是迄今为止最费油的飞行环节。

这样可以快速飞行

飞机在巡航时则完全不同。由于巡航速度能达到800—900千米／小时，因此飞机能获得足够的升力。在此期间，飞行员将攻角减到了最低阈值，仅依靠弯曲的机翼轮廓本身就可以得到足够的动浮力，此时飞机所受空气阻力极低，并以最小的油耗飞行。飞行员唯一需要注意的问题是如何精确地调整升力，使飞机在一个恒定的高度上飞行。做到这一点需要靠所谓的配平——拇指方向的控制杆上有一个小按钮，飞行员用它来调整升降舵，并通过杠杆作用精确地调整飞机的攻角，使升力在巡航速度下与重力平衡。事实上，飞行员通常利用自动驾驶仪实现精准配平。

为什么不能随意选择座位？

配平的量，即升降舵必须偏转多远才能实现水平飞行，也取决于飞机承载是否均匀。如果所有乘客都坐在前排，重心就会太靠前，飞行员就必须不断利用升降舵用力向下推动后尾翼，以保持合适的攻角，反之亦然。因此，为了实现低油耗飞行，不仅需要设计复杂的机翼轮廓，以便在较小的攻角下获得巨大的升力，还需要平衡飞机内部的重量分布，以降低配平量。正因如此，我们在办理线上值机时，座位不是从前至后进行分配的。一般而言，前排的座位会显示为已选，尽管它们暂时是空闲的，但也只能选择后面的座位。这样即使飞机在没有完全坐满的情况下，也能实现均匀装载。

"从技术上讲，我们已经实现了太空遨游；从伦理上讲，我们
仍处于石器时代。"

拉尔夫·博勒（Ralph Boller，1900—1966）

瑞士作家

你绝对不知道的电力知识

电流从开关流向灯的速度有多快？大约 1 毫米／秒！那为什么灯一下就亮了呢？

什么是电流？电流是电子在（半）导体内的定向流动。电子是带电粒子，是其对应的质子质量的 $1/1850$。质子和中子构成原子核，电子则构成原子壳层。因为质子的质量要大得多，所以把质子带的电荷定义为正电荷，电子带的电荷定义为负电荷。在金属中，原子以可以交换电子的方式结合在一起。事实上，金属中的电子几乎可以不受阻碍地从一个原子移动到另一个原子。然而，每个原子必须始终有相同数量的电子，否则它们可能会在某处积聚而无法迁移，就不再有电荷中和。因此，电子只能在线圈中流动，在电路中流动的电子称为"电流"。

电源线 = 水管

我们可以把电源线中的铜线想象成一根水管，里面流动的水是电子，所以电路就像一根独立的水管，水在其中循环流动。一般电源线至少需要两根电线，其中一根电线中的电子流向灯管，然后又从另一根再次流回。这就是为什么一个插座有两个插孔，其作用就是使电子从一个孔流出，再从另一个孔流回。

不存在窃电这回事

这里有一个小故事。1895 年，一名被告因窃电而接受审判。他利用一条架空电线把电直接接入他的公寓。根据《德国刑法典》第 242 条盗窃罪的规定："任何人拿走他人动产，意图将该财产非法占为己有或第三方所有，应处以罚款或五年以下监禁。"直至今日该条款依旧适用。他为自己辩护说，他根本没有偷电，因为电是通过回流线流回架空线的。毫无疑问他说的是对的，所以当时他没有被定罪。直到 1900 年，才出台了一项关于惩治窃电行为的法律。自 1953 年以来，"窃电"依《德国刑法典》中的第

248c 条开始生效。然而，"窃电"一词仍然是错误的，因
为没有电流（电子）被窃一说，而是电能被窃，消费者使
用的正是电能。

伏特、安培、瓦特

是什么使水管中的水流动起来的呢？答案是水压。在
电流中就是电压，以伏特为计量单位，缩写为 V。发电厂
生产的家用插座电压为 230 伏，这是一个相当高的电压。
在此电压下，电子开始流动。电子的流量就是电流强度，
以安培为计量单位，缩写为 A。那么电子流动的速度有多
快呢？这取决于电压，就如同水管中的水压一样。在 230
伏的电压下，普通铜线中的流速（所谓的漂移速度）大约只
有 $1/2$ 毫米 / 秒！对，就是 0.5 毫米 / 秒，所以电流流速极
慢！只有把电压和电子量这两者结合在一起，即电子被"推"
过电线的电压和数量，才构成它们在电耗品（如白炽灯）
中的实际功率，然后再次回流。该功率以瓦特为单位，缩
写为 W。如果电子的"流速"如此之小，其数量肯定非常大。
严格来说，在 1 安培时，每秒有 620 亿亿（=6.20×10^{18}）
个电子通过，用一根只有 0.3 毫米粗的铜线就能轻松获得

这么多数量。总结来说，电流流速可能很低，但电子数量却相当大。

灯一下就亮了

为什么当我们按下开关时，灯一下就亮了？原理跟水管其实是类似的。在打开水龙头的那一时刻，水开始在大约 10 米外的水管末端流动，尽管流速只有大约 0.5 米／秒。而在水管中促进水流动的水压的传播速度大约为 1.5 千米／秒，这比水流的速度快很多。对我们来说，这几乎是瞬间的事。那么电压在电源线中的传播速度有多快？答案是光速！铜线中的光速（更准确地说：电磁波的传播速度）只有 20 万千米／秒，而不是真空中的 30 万千米／秒，但仍然是极快的，所以当我们按下电灯开关时，灯立马就亮了。

颠倒的世界

物理学家已将电子所带电荷定义为负电荷，并且电荷的性质是同性相斥，异性相吸，所以电子总是从负极流向正极。然而，从直觉上讲，"正"比"负"更有意义。因此，电气工程师定义了从正到负的所谓"技术电流方向"，即与电子在铜线中的流动方式正好相反。这种颠倒让我们每个人都感到恼火，但也必须接受它。

用于变压器的交流电

到目前为止，我已经阐述了直流电的含义：电子总是朝同一个方向流动。当然，如果转变电极，它们就会朝完全相反的方向流动。当流动方向相反时，它们产生的功率也同样巨大。在家用插座中采用的交流电压，电压和电流的方向每秒变化 50 次。这种变化对于白炽灯和其他种类的灯来说没有什么影响，但对于立体声系统来说就不可忽视了。立体声系统使用一个整流器[①]将交流电转换为直流电，同时通过一个低成本变压器改变电压。而变压器只能在交流电压下工作，这就是有交流电压的原因。

---

① 整流器：是一个整流装置，可把交流电转换成直流电，用于供电装置及侦测天线电信号等。——编者注

"教育来源于对所读内容的思考，而不是阅读本身。"

卡尔·希尔蒂（Carl Hilty, 1833—1909）

瑞士政治家和伦理学家

魔镜啊，墙上的魔镜

　　每个德国人家里都有一面镜子，但如果仔细观察，就会发现镜子的表现形式跟我们想象的有些不同。用一个简单的实验就能表明这一点，且令人印象深刻。

　　上周六晚，卢森堡广播电视台播放了电影《阿凡达——潘多拉星球》，卫星一台在同一时段也播放了美国童话电影《魔镜啊，魔镜——白雪公主的真实故事》。《阿凡达》是我最喜欢的电影之一，但我不想再看一遍了。童话电影嘛，又太没意思了！我忍受不了这种索然无味。但"镜子"这个主题就很有意思，因为镜子在美感和逻辑两个层面都会让人产生意见分歧。

请往后退！

　　朱莉娅·罗伯茨（Julia Roberts，1967—　），身高

1.75 米，在这部童话电影中扮演克莱门蒂安娜女王。我们假设她家里有一面浴室镜，高度为德国标准高度 70 厘米。我们自然会认为，这应该足以让她看到自己的全身，否则她就会退后几步。但这真的有用吗？当我们退后一步时，会看到更多的身体部位吗？你认为是的，对吧？那你可以现在就到浴室镜前来回走动试试。去吧！

回来了吗？假设洗脸池在视觉上不碍事，你会注意到，无论站在离镜子多远的地方，你看到的总是身体的同一个部分，并且永远不会看到整个身体。

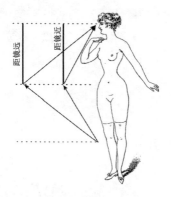

无论站在离镜子多远的地方，你总是看到身体的同一个部分。例如在上图中，只能看到从你的眼睛到膝盖的部分。

这是为什么呢？假设，朱莉娅把镜子挂起来，使上边缘正好与眼睛齐平，也就是大约离地 165 厘米处。镜子的下边缘比上边缘低了 70 厘米，也就是在离地 95 厘米处，大致如上页图所示。因为镜子的入射角等于反射角，所以她正好可以看到自己身体的一部分，也就是 95 厘米再往下 70 厘米，即在她的脚底以上 25 厘米处。如果她后退几步，这种情况也改变不了！她总是只能看到镜子下缘以下距她眼睛与镜子下缘的高度差同样远的地方。只有当朱莉娅把镜子挂得更低，使上边缘在离地 152.5 厘米的高度，即比水平视线低 12.5 厘米处，她看不到自己的脸，而下缘在离地 82.5 厘米处，不管她离镜子有多远，她就正好能看到自己的脚尖。

　　但是在给定的镜子高度下，要想看得更全，有一个小窍门：把镜子向上倾斜！当然，如果镜子被固定在墙上，那就没办法了。

镜子里左右颠倒？

　　镜子的另一个问题：据说它可以让一切都颠倒。这是真的吗？请大家再次站到镜子前，就等你了……现在，把你的手臂伸向左边，镜像中的你是怎样做的呢？手臂的伸展方向是一样的，即从你那里看到的也是向左！不，不，你会说，镜子里的我伸出了右臂。有可能是这样，但这不是重点。关键问题是：镜子里的手臂指向哪个方向？答案是同一方向。如果你往旁边移动，直至在镜子中的身体看不到自己，这就变得更加明显。如果现在你伸出手臂，镜子里的手臂会朝向同一个方向。所以没有什么"镜子里左右颠倒"的说法！

朝向镜子的顶部和底部做这个动作也同样如此。所以呢？镜子中的所有动作都跟现实一个方向吗？不！请你指向前方，指向镜子，你的镜像发生了什么呢？它在指向你，即跟你相反的方向！所以事实是：镜子发生了前后颠倒！谁能想到呢？说得专业一点，镜子将你的矢状轴旋转了180度，使你的正面看向你。

我们的错觉是，镜子里的一切是左右颠倒的，这是因为当我们看着镜子里的自己时，会不自觉地将自己放在镜像的位置，认为镜子里的手臂指向相反的方向。不过，能设身处地为对方着想确实是我们应该做的。我们在大脑中有自己的神经元，即所谓的镜像神经元。它不仅使我们能够设身处地为他人着想，而且还能在情感上产生共鸣。这对社会交往很重要，否则我们不会在别人痛苦的时候伸出援手，但有时它也会导致错误的思维。

"宇宙和人类的愚蠢是无限的……不过对于前者，我还不太确定。"

阿尔伯特·爱因斯坦

现代物理学家

不必害怕微波炉

　　什么是辐射？辐射对人类的危害有多大？本章主要涉及的是低能量辐射，如无线电和微波辐射。

　　自然光是好的，但放射性光是有害的。正如十二个星座类型，如果我知道你是什么时候出生的，我就大概知道你是一个怎样的人。人们乐于接受这样的偏见存在，因为它令世界变得简单透明。然而，世界并不简单，它错综复杂，但却不杂乱，这也包括了辐射的影响。

什么是电磁辐射？

　　辐射是不好的，这是许多人的想法，但他们并不知道到底什么是辐射。辐射的形式有很多种，这些形式可能差异很大，甚至无法相互比较。首先，有一种原始形式，即波辐射，严格来说叫电磁辐射，即电磁（Electromagnetism，缩写为 EM）波的流动。电磁波就像水波一样在我们的三维空间中传播。但与水波不同，它不需要真正的介质，在真空的宇宙中依然可以传播。

说白了，电磁波是通过振荡的电场和磁场传播的一小部分能量。波是无质量的，所以它包含纯能量（加上动量）。辐射的强度只是波的总和。

不必在意无线电波

一个反复困扰大家的问题是，电磁波形式的能量对人类会有伤害吗？答案是：视情况而定。首先说一说单个电磁波。只有当它的波长与整个人体或单个身体细胞一样长，或者它的频率与细胞中的分子频率一致时，它才能将其能量传递给人体。由于人体部位的长度是少于 1 米的，因此只有那些波长短于 1 米，即短于无线电波的电磁波才能将其能量完全传递给人体（波的吸收）。此外，从几千赫兹到几百兆赫兹的无线电波频率与任何分子的频率都相差较大。由此可知，我们的身体对于无线电波来说只是"空气"。因此，无论辐射强度有多高，只要温度可以承受，你就不用担心这种波是有害的。关于低频波的特殊性质，即远长于几千米的波，我将在下一章中进行阐述。

微波炉魔咒

一谈到跟微波相关的波人们往往就会有一些偏见，包括从手机和微波炉发出的波（波长大约为 10 厘米）以及雷达波（波长约 1 毫米）。这种波使水分子随其频率旋转，通过旋转能量促进分子对微波的吸收，使得人体细胞在短时间内升温。但是，它们对我们的身体没有影响。加热的强度取决于辐射强度，即单位时间内击中体表的波的数量。医生在治病时用于治疗肌肉骨骼系统、关节、脊柱和肌肉的急性和慢性疾病的医疗微波器械，会发出辐射强度极高的微波。微波炉内部的辐射强度也很高。为了确保微波能较好地保留在微波炉里并加热食物，而不是在你好奇地往里看时辐射到你的脸，微波炉窗口上有一层胶合金属穿孔网，孔径约为 1 毫米，10 厘米长的波是无法穿过的。这个解释听起来很简单，但跟骆驼无法穿过针眼其实是一个道理。

我一直不明白人们为什么会害怕微波炉，因为微波炉和手机一样，只能使身体细胞温度升高，而且已证实不会超过 0.5 摄氏度，但当人们觉得冷时，会选择洗一个热水澡来升高体温，然后说这对身体是有益的。为什么通过洗澡产生的身体热量或是在医院接受的微波治疗是好的，而手机产生的微弱的微波辐射又是不好的呢？任何人都能理解这一点。所以不要再说是因为有不同形式的热量或是其他的原因。通过波的吸收而产生的热量是非常正常的热量。准确地说，只是分子或原子的平移运动而已。

"宇航员的优势是他们不用给妻子带任何礼物。"

罗伯特·伦布克（Robert Lembke，1913—1989）

德国记者、电视节目主持人

硬波辐射——现在变得危险了

　　了解了没有危害的软波辐射之后，让我们来聊一下高频硬波辐射，即红外线辐射、光辐射和 X 射线辐射。

"好的"红外线辐射

　　太赫兹辐射的波长比刚才讨论的微波短。然而，它在自然界和技术上几乎不会出现，因为几乎没有任何产生它的物理效应。

　　但红外辐射除外。它的波长为 1/100—1/1000 毫米，如果把红外灯放在皮肤上，我们会感到非常温暖。因为太阳也有大量的红外辐射，所以在烈日下我们也会觉得非常热。这种波长很短的辐射导致皮肤细胞中的分子振动，进而将振动转化为细胞热量。因此，红外辐射比微波更强烈，但仍然是基本无害的。

神化的光

光，即波长约为 1/5000 毫米的光辐射，被人们奉为圣灵——fiat lux（拉丁文）[1]！但事实上，激发化学键中的电子已经够难了。这意味着，从目前来看，化合物的电子结构在电磁波的照射下发生变化。这正是我们视网膜功能的基础。这些电刺激由视神经传递，是我们能看到事物的唯一原因。即使这样，这对人体来说也是无害的，因为这些分子只是被电子激发，但仍然保持化学上的完整。

现在，它变得尤其难

化学变化仅通过波长为 1/10000 毫米的紫外线发生。所谓的光解离和光电离导致细胞分子的分裂，特别是在皮肤表面的细胞中。如果仅有细胞蛋白受到影响，就只会产生分子废物。但若是 DNA 被破坏，情况就比较严重了。如果双链中只有一条 DNA 链断裂，那么就有一个细胞修复机

---

① Fiat Lux：拉丁文，译为"要有光"，出自《圣经》的《创世记》篇。——译者注

制来纠正它。但是，若紫外线辐射的强度非常高（强烈的日光浴），两条链可能在同一个地方断裂，并且 DNA 只能被错误地修复，就可能造成 DNA 退化，从而导致皮肤癌。

在更短的波长（X 射线和 γ 射线）下，这些破坏性影响会加深。也就是说，如果你暴露在这种辐射下，例如在进行医学上的 X 射线检查时，必须确保剂量（辐射强度）以及每单位时间所受的损害处于低水平，以便 DNA 能够完好地再生。

低频波

最后来说说低频波，即频率低于 3 千赫的波，对应 100 千米或更长的波长。虽然它们不能被人体吸收，但可以使人体细胞或整个身体电极化，而高频辐射无法做到这一点，因为细胞中电荷的流动性太低。在极化电池中，电荷相互移动。人体的每个细胞，尤其是神经细胞，由于钠离子和钾离子浓度的差异，都具有自然的极化。因此，这种强烈的低频波的极化效应可以变得具有生物学相关性，特别是通过电影响神经传导。因此，在我看来，不应忽视公寓附近电压高于 10 千伏（50 赫兹）高压线的问题。相比之下，房屋内只有230伏的电源线的极化能力可以忽略不计，尽管不是零。因为后者绝对不会对身体造成伤害。我个人觉得很难想象一个人是否能感觉到它们（所谓的电超敏反应）。至少这样声称的人经常在双盲测试①中失败。

①　双盲测试是指在试验过程中，测验者与被测验者都不知道被测者所属的组别（实验组或对照组），分析者在分析资料时，通常也不知道正在分析的资料属于哪一组。——译者注

"甜是从俗约定的，苦是从俗约定的，热是从俗约定的，
颜色是从俗约定的，实际上只有原子和虚空。"

德谟克利特

古希腊哲学家

当心辐射？——粒子辐射

什么是射线？辐射对人类的危害有多大？现在让我们来了解一下粒子辐射。

除了上两章讨论的波辐射外，还有粒子辐射。这是任何带有质量的，通常是小于原子的粒子的流动。粒子辐射是否对我们有危险，取决于它能否将其动能传递到我们的身体中并造成细胞的损伤。

有三种类型的电荷可发生转移：电荷、弱电荷和核电荷。众所周知，我们在梳头时，电荷会使头发竖起来。原子粒子所带的弱电荷（一种与电荷截然不同的电荷类型）实际上非常弱，以至于它穿过人体时完全不会造成任何影响。每秒钟以及每平方厘米大约有 600 亿个太阳中微子穿透我们的身体，但没有一个能通过弱相互作用与人体细胞发生碰撞。因此，它们的危害对我们而言微乎其微。然而，原子核的强电荷（所谓的色荷）却大到足以对人体造成伤害。让我们来仔细了解一下强电荷。

带电粒子束

如果一个粒子是带电的，例如来自放射性衰变的 α 射线（带电氦核）或 β 射线（电子），它们会在微观层面相对较强的电场中和体表的原子产生强烈的相互作用。其结果就是，辐射粒子被大大减速并随之被吸收。在这个过程中，由于 α 射线的核质量大，粒子的动能非常高，因此被完全转移到最上层的身体细胞中。此外，粒子在减速过程中，会产生强烈的韧致辐射[1]，即 X 射线。我们已经知道，X 射线可以电离和分解分子。总而言之，带电粒子在通过生物细胞时会破坏细胞分子，从而也会破坏 DNA。

质量大的 α 粒子具有更高的致癌性，这就是钚和钋有危害的原因。吸烟者不会死于香烟的焦油，而是死于烟雾中的放射性钋，它在肺部沉淀，通过 α 辐射引发基因缺陷，

---

[1]　韧致辐射：原指高速运动的电子骤然减速时发出的辐射，后泛指带电粒子与原子或原子核发生碰撞时突然减速发出的辐射。——编者注

从而在肺泡中引发肺癌！然而，由于体内带电粒子的范围只有几微米，所以将一团钚或钋握在手中是不会有危险的，α辐射在老化的角质层中被安全吸收。但是钚或钋随食物一起摄入或以灰尘形式进入肺部则会导致大量的细胞损伤。

中子的中性和稀有

然后是电中性粒子，它们通过核电荷相互作用，即核与核直接碰撞。例如中子，中子是在原子（如铀）放射性衰变过程中产生的核粒子。当它们击中细胞原子的细胞核时，会打掉细胞核，从而改变分子。因此，快中子，即在核反应堆中的热中子，在生物学上是有危害的，必须用镉或硼板进行隔离。慢中子，即冷中子，是相对无害的，即与细胞生物学完全不相关，它们只是因细胞原子核发生偏转，然后继续向另一个方向飞去。只有当它们在极少数情况下被吸收时，才具有生物学意义。

对于粒子辐射来说，粒子的质量和速度至关重要。它们越大，传递给细胞分子的动能就越大。除了在核反应堆的内部（不是外部），自由中子实际上不会出现，所以它们对我们来说无关紧要。

自然粒子辐射的影响

我们暴露在哪些自然粒子辐射中？上文我们已经讨论过太阳的中微子辐射。尽管有这么多粒子穿透我们，但它们是绝对无害的。从外部看，μ 介子也作为宇宙辐射的二次辐射撞击我们的身体并被吸收。μ 介子是轻子，跟电子一样属于轻质基本粒子，但比一般的轻质基本粒子重 200 倍。这些 μ 介子，连同它们产生的质子和电子，约占我们自然接触的生物有效辐射的 30%。约 50% 的生物有效辐射来自空气中的放射性氡。当氡通过呼吸进入肺部时，可以在肺泡的表面衰变为钋，然后产生 α 辐射致癌，就像吸烟一样。我们每年所受剩余 40% 的自然辐射来自放射性钾 -40，主要通过食物摄取，并以钙的形式长期与我们的骨骼结合。钾 -40 放射性衰变过程中产生的 β 辐射会损害身体细胞，并且是致癌的。总之，我们的身体会产生更多的辐射，其致癌性比 100 米外的核反应堆的辐射更强。

地球辐射

哦对了，据说还有地球辐射。然而，到目前为止，还没有人能够告诉我这是电磁射线还是粒子射线。无论是哪一个，都没有关于它们具有多少能量的陈述，例如以电子伏特来衡量——只有这样，才能判断其是否危险。由于它们在科学上无法检测，因此显然既不是电磁辐射也不是粒子辐射，只可能是第三种东西，但没有人能告诉我究竟是什么。在那之前，地球辐射对我来说就像复活节的兔子，如果相信它，就能解释原本不存在的现象。①

---

① 这句话是作者的语言游戏，复活节的兔子并不是真的兔子，用以表达作者并不相信地球辐射之说。——编者注

"数学是上帝用来书写宇宙的文字。"

伽利略·伽利雷（1564—1642）

意大利物理学家、精确自然科学的创始人

我们都算错了

第三个千禧年是什么时候开始的？是2000年1月1日0点吗？错了，因为正确计算是需要学习的！

让我们从一个非常简单的问题开始说起：耶稣基督是什么时候出生的？根据教会日历，耶稣诞生于12月25日（人们在圣诞前夜庆祝）。到目前为止，一切都挺合理。但是，如果日历从基督诞生开始算，那么我们的日历也应该从公元1年12月25日（"基督诞生后"）开始。但实际上并不是这样的。根据古罗马传统，日历从1年的1月1日开始，因为"一月"来自罗马人的拉丁语，意思是"门"，也就是踏入新的一年。另外，也没有人知道基督教到底是什么时候诞生的，因为在《新约》一书中并没有给出相关信息。理由很充分，因为根据教父起源的说法，生日作为生命的里程碑是"异教的做法"。在基督教中，（类似殉道者的）

死亡日被视为生日，即进入真正的永生。所以只有这个日子是值得纪念的。因此，在传统的基督教信仰中，庆祝的不是生日，而是命名日，即同名圣人的纪念日（通常是死亡日）。我们暂时撇开耶稣可能出生于公元前4年这一事实，因为这将使一切变得更加复杂。

是狄奥尼修斯·伊希格斯的错

我们的日历应该从1年1月1日开始，但也由此产生了一些问题。从逻辑上讲，日历的第一天应该是0年1月1日，这又是为什么呢？首先我们要知道这种令人困惑的计数方法。如果日历的第一天是1月1日，那么第1年就在2年1月1日结束。因此，第一个十年在11年1月1日结束，第一个世纪在101年1月1日结束，第一个千年在1001年1月1日结束。那第三个千年从什么时候开始呢？那就应该是2001年1月1日后。但所有人都错了，我们都在2000年1月1日0点开始庆祝。因此，整个人类都可能是错误的：数字2000是美丽的圆形，所以它也标志着新千年的开始。如果公元523年罗马修道士狄奥尼修斯·伊希格斯（Dionysius Exiguus，475—544）的思考方式更符合

逻辑，那么一切都会很完美（他当时受梵蒂冈委托设计了
至今仍然有效的格里高利历[①]）。

直到今天

　　这种笨拙的计数方法总是会造成误解。如果 20 世纪的
第六个十年始于 1961 年 1 月 1 日，人们通常认为结束时间
应为 1970 年 12 月 31 日。约翰·肯尼迪（John F. kennedy,
1917—1963）在 1961 年 5 月 25 日说道："我相信在这个
十年结束之前，整个国家应该致力于实现人类登月并安全
返回地球的目标。"从逻辑上讲，美国国家航空航天局必
须在 1971 年 1 月 1 日前让美国人登陆月球。然而，每个人
都认为这必须在 1970 年之前完成，因为我们从直觉上就认
为 1970 年已经属于下一个新的十年。

　　让我们再来数一数世纪！为什么 1900 年 1 月 1 日至
1999 年 12 月 31 日（实际上是 1901 年 1 月 1 日至 2000 年
12 月 31 日——这就要怪德皇威廉二世了）这一时间段被
称为 20 世纪，而不是人们天真以为的 19 世纪？只需正确

[①]　格里高利历：现行公历。——编者注

地计一下数就知道了。1世纪从1年1月1日开始，到100年12月31日结束，2世纪从101年1月1日开始，到200年12月31日结束，以此类推。因此，20世纪是1901年1月1日至2000年12月31日。这才是合乎逻辑的，但有时我甚至也会转不过弯来。

没有0年是个问题

日历从公元1年1月1日开始产生的第二个问题是，根据我们的时间计算，公元1年1月1日的前一天是公元前1年12月31日。为什么说这是一个问题？那么我问大家，从公元前5年1月1日至公元5年1月1日是多少年？没错，不是10年，而是只有9年。如果你不相信，请掰动手指头数一数。因为在罗马数字体系中和狄奥尼修斯时代都没有数字0，而且我们从直觉上认为也不可能有0年，这就经常导致我们在时间问题上计算错误，甚至连历史学家也一次又一次上当。因此，如果狄奥尼修斯·伊希格斯以数学逻辑上的0年1月1日作为纪元元年，那么一切就符合逻辑了：历史学家在时间跨度的计算上可以完全相信计算器——5+5=10，第2世纪将如预期的那样以100年1月1

日开始，第一个千年以 1000 年 1 月 1 日开始。

注意：整数毫无疑问是以 1 开头，但数字的连续体（例如持续时间）从逻辑上讲是以数字 0 开头！

正确计数的三个小测试

现在是测试题，看看你是否真的理解。假设基督确实如大多数历史学家所说的那样，出生在公元前 4 年，而如果我们按公历把他的生日定为 1 月 1 日，那么基督诞生后的第三个千年究竟是从什么时候开始？慢慢来吧，这个问题没那么容易。你会在本章末尾找到正确答案。

在时间问题之外，我们也需要学习如何正确计数。问：从 2000 年 9 月 1 日 0 点到 2000 年 9 月 10 日 0 点，有多少个 24 小时？正确答案无疑是 9 天（而不是 10 天）。那么，如果栅栏柱之间的距离是 1 米，建一个 10 米的围栏需要多少根栅栏柱？没错，11 根。同样，0 到 10 之间的整数有 11 个，而不是 10 个。所以必须学会正确地计数。

现在是几点钟?

　　现在我们来计算一下白天的时间。生活在德国南部的人与生活在德国其他地区的人的想法有很大的不同。当你问一个巴伐利亚人:"现在是几点?"他会回答"10点1刻",但他的意思是"9点1刻"。作为一个北方人,我花了很长时间才理解这种巴伐利亚式的时间逻辑。但一旦理解了它,你会发现一切都很符合逻辑。

　　其中的逻辑是这样的:对于"德国其他地区的人"来说,9点和10点是一个时间点,即分针指向12。然而,对于巴伐利亚人来说,9点是指9点和10点之间的时间跨度。因此,对他们来说,1点钟是从一天中的0点到1点的第一个小时跨度,2点钟是指1点到2点的第二个小时跨度。以此类推,最晚的24点是指23点到24点的小时跨度。所以,巴伐利亚人所说的"10点1刻"是一天中第10小时的第一刻钟结束时的时间。对于大部分德国人来说,这就是上午9点15分。如今普遍使用但有些奇怪的"halb 10 Uhr(9点半)"①的叫法,正是源于巴伐利亚人对时间的这种

①　虽然德语中"halb 10 Uhr"有数字10,但并不是10点半,而是9点半,原因在下文。——编者注

不同思维方式。"halb 10（9 点半）"并不意味着"10 点半"，而是"9 点半"。这背后是巴伐利亚式的逻辑："halb 10（9 点半）"="一天中第 10 个小时的一半"。在这方面，其他德国人的想法是不合逻辑的，因为他们按照"9 点一刻""9 点半""10 点差一刻"的顺序，将时间思维与时间跨度思维混淆在一起，尽管几乎没有人意识到这一点。在这方面，巴伐利亚人是更前后一致的逻辑学家。但仅限于此！

第三个千禧年的真正开端

我们究竟应该在何时庆祝基督诞生后第三个千年的开始呢？计算方式如下：如果基督出生于公元前 4 年 1 月 1 日，那么计算方法为：公元前 4 年 1 月 1 日 +2000 年 = 公元 1 年 1 月 1 日 +（公元前 4 年 1 月 1 日至公元 1 年 1 月 1 日）+2000 年 = 公元 1 年 1 月 1 日 -4 年 +2000 年 = 公元 1 年 1 月 1 日 +1996 年 =1997 年 1 月 1 日。但居然没有人注意到这一点！

"人类在一个充满无情随机性的世界里寻求着天意、意义和秩序。"

乌尔里希·沃尔特

如何计算足球比分？

　　科学家仔细地研究了足球统计数据，并表明足球结果是可以计算出来的！具体如下……

　　你是足球专家吗？如果是，你应该用你的知识来预测每场足球比赛最可能的结果！因为在数学上已经找到了一种方法来做到这一点。几年前，明斯特大学的科学家[1]在 www.bundesliga-statistik.de 上详细地分析了德甲联赛的统计数据，并将一场足球比赛描述为泊松过程[2]（这具体是什么在这里并不重要，但听起来很专业，不是吗？），从而可以计算出足球比赛的结果。我就不再解释具体的数学细节了，因为我知道大家只对如何具体地计算结果感兴

---

[1] Andreas Heuer, Christian Mueller, Oliver Rubner. Soccer: Is scoring goals a predictable Poissonian process?, Europhys. Lett. 89, 38007 (2010).

[2] 泊松过程：一种累计随机事件发生次数的最基本的独立增量过程。——编者注

趣，而这正是一切的关键。但要知道可预测性的极限，你应该知道它整体的运作方式和原因。对此我试着尽可能简单地去描述它。

足球是机会加上体能

科学家们发现，进球是随机的结果，但并不是纯粹的骰子游戏，而是受到两队球员的足球技能，即所谓的团队体能的影响。机会和团队体能共同决定了结果，只有在两者的共同作用下，足球才能如此有趣。这有点儿类似于斯卡特[①]或一般的纸牌游戏。纸牌游戏的魅力在于，在个别情况下，牌的好坏取决于每个玩家的牌技。因此，新手玩家可能会因为运气好，在短期内赢得了比赛。然而，从长远来看，每个玩家获得好牌的概率是相同的，所以长期来看，优秀的玩家胜过初学者。

如今我们知道，足球也是按照同样的原则进行的。一场比赛的结果包含很大一部分偶然性，即使是相同球队之

---

① 斯卡特：一种流行于德国和西里西亚地区的牌类游戏，适合3人或者更多人。——译者注

间的每场比赛结果都可能大相径庭。因此，如果德国队再次与巴西队交手，巴西队也可能以 7∶1 的比分赢得比赛。只有当两队更频繁地连续进行比赛，偶然性才会被平均，并且可以从净胜球中推断出确切的球队体能。只有到那时我们才能真正判断哪支球队实力更强。

机会 + 技能 = 泊松过程

　　有了这些知识，我们就能计算出一场球赛的比赛结果。要做到这一点，必须知道机会和团队体能如何共同影响进球。答案是：就如同泊松过程一样。一场比赛中进球数的增加表现为类泊松分布的随机过程。如果数值（此处为进球数）是离散的（此处为自然数），则该随机过程就符合泊松分布。更为著名的高斯分布仅适用于连续值，因此，男性和女性的规模是正实数上的高斯分布。只有具备这些知识，我们才能把德甲联赛的统计结果看成是一场升级版的骰子游戏。

团队体能

　　这种升级版骰子游戏是如何运作的呢？按照科学家们的说法，一场足球比赛相当于一次骰子游戏，若掷出数字6则对应一个进球。每支球队都可以掷骰子，而多久掷一次取决于他们日常的团队体能。团队体能就是一支球队的日常体能水平，由平均赛季体能加上每日波动决定。接下来就是统计学家发挥作用的时候了。如果最开始给每支球队分配的赛季体能在1到10之间，那么赛季体能为10的球队一天内的最大偏离范围为-3到+3，而赛季体能为1的球队一天内的最大偏离范围最多只能在-1至+1内波动。因此，当前球队的绝对最差体能为0，绝对最好体能为13。到目前为止的两个极端情况是：拜仁慕尼黑在2013/14赛季的体能一直为10+3=13，凯泽斯劳滕俱乐部在整个2011/12赛季的体能只有1-1=0。

如何使之成为最佳足球博彩？

　　现在是统计学家的专业知识发挥作用的时候了。在第一个德甲赛季时，他们给每支球队分配的平均赛季体能为

1 到 10（整数）。在两支球队进行足球比赛之前，他们还考虑了每日的体能波动：平均体能为 10 的球队在 -3 至 +3 之间波动，平均体能为 1 的球队在 -1 至 +1 之间波动。总体而言，每支球队的每日体能值介于最小 0 和最大 13（整数）之间。

接下来，在两支球队每日体能值的基础上分别加上数字 4，就得出了每支球队的掷骰子次数。例如，如果体能值为 2+1 的德甲球队 A 对阵体能值为 9-2 的德甲球队 B，则德甲球队 A 掷出 2+1+4=7 次，德甲球队 B 掷出 9-2+4=11 次。每掷出一个 6（只有这样），就记一次进球。将通过这种方式掷出的所有进球数加起来，就可以得到比赛结果。

提示：我们也可以使用计算器的随机函数 RND 代替骰子。由于随机值在 0 和 1 之间生成，只需将结果乘以 6。那么 0.000 到 1.000 之间的数字则对应于掷出 1，1.001 和 2.000 之间的数字对应于掷出 2，……，5.001 和 6.000 之间的数字对应于掷出 6。

举个具体的例子：针对 2021/22 赛季拜仁对阵沃尔夫斯堡的比赛，我分配给拜仁的体能值为 10+2=12（鉴于缺乏更深层次的专业知识，我只取上赛季的成绩：2020/21 赛季排名第一，其体能值为 10），分配给沃尔夫斯堡的体能值为 8-2=6（2020/21 赛季 18 支球队中排名第六，其体能值为 8）。所以拜仁的投掷次数为 12+4=16 次，沃尔夫斯堡的投掷次数为 6+4=10 次，我得出的结果是拜仁对沃尔夫斯堡比分为 3：2。这就是我对两支球队下一场比赛的预测。

我们应该清楚以下内容：对预测结果起决定性作用的是对球队体能的评估。每个职业足球运动员当然都对此感觉良好。此外，在体能值相同的情况下，每一个进球回合都可能导致完全不同的结果。正如在真正的游戏中，巧合总是贯穿其中。但现在你肯定知道的是：通过上述算法得出的结果平均来说要优于任何其他赌注。从这个意义上说，就像在纸牌游戏中一样，只要正确评估球队的体能值，那么从长远来看，你就能胜过任何其他不按此方法进行预测的投注者。

"我认为怀着未知，比怀着可能错误的答案去生活要更有趣。"

理查德·费曼（1918—1988）

美国物理学家、1965 年诺贝尔奖获得者

科学的边界

有些数学问题听起来很简单，但实际上却非常困难，至今仍未解决。例如考拉兹猜想。这似乎只是一个数字游戏，但实际上它涉及的深层问题是：科学的边界在哪？

考拉兹猜想

考拉兹猜想 [1937 年由德国数学家洛塔尔·考拉兹（Lothar Collatz，1910—1990）提出] 描述起来很简单。它是关于自然数的序列，称为考拉兹序列 C（n），其构成方式如下：首先选取任意自然数 n。如果 n 是偶数，则将其除以 2，得到 $n/2$。如果 n 是奇数，则将其乘以 3 并加 1，得到 $3n+1$。只要你愿意，可以一直重复上述过程。考拉兹猜想指出：每个考拉兹序列 C（n）最终都会得到数字 1。下面是两个示例：

C（11）：11，34，17，52，26，13，40，20，10，5，

16, 8, 4, 2, 1

C（27）：27, 82, 41, 124, 62, 31, 94, 47, 142, 71, 214, 107, 322, 161, 484, 242, 121, 364, 182, 91, 274, 137, 412, 206, 103, 310, 155, 466, 233, 700, 350, 175, 526, 263, 790, 395, 1186, 593, 1780, 890, 445, 1336, 668, 334, 167, 502, 251, 754, 377, 1132, 566, 283, 850, 425, 1276, 638, 319, 958, 479, 1438, 719, 2158, 1079, 3238, 1619, 4858, 2429, 7288, 3644, 1822, 911, 2734, 1367, 4102, 2051, 6154, 3077, 9232, 4616, 2308, 1154, 577, 1732, 866, 433, 1300, 650, 325, 976, 488, 244, 122, 61, 184, 92, 46, 23, 70, 35, 106, 53, 160, 80, 40, 20, 10, 5, 16, 8, 4, 2, 1

对于所有正整数 n，其考拉兹序列 C（n）均成立。但在运用计算机进行计算时，所有从最小正整数开始到 $n=5 \times 2^{60}=5.675 \times 10^{18}$ 的 C（n）在得到数字 1 之后均停止了运行，并证实了在此范围内的考拉兹猜想。但这并不能够证明对于任何自然数，该猜想均能成立。

统计学观察

请注意，$3n+1$ 必须始终是一个偶数，而且后面必须有数字 $(3n+1)/2$。只有通过 $(3n+1)/2$ 可以再次得到偶数或奇数，这决定了是继续用 $n/2$ 还是继续用 $3n+1$。如果考虑到这一特性，并将因此简化的序列表示为 $T(n)$，那么举例如下：

$T(27)$：27、41、62、31、47、71、107、161、242、121、182、91、137、206、103、155、233、350、175、263、395、593、890、445、668、334、167、251、377、566、283、425、638、319、479、719、1079、1619、2429、3644、1822、911、1367、2051、3077、4616、2308、1154、577、866、433、650、325、488、122、61、92、46、23、35、53、80、40、20、10、5、8、4、2、1

只有 $T(n)$ 序列中偶数和奇数的数量是差不多一样的，这使得统计观察更加容易。因此，经过两个连续的 $T(n)$ 计算后，平均增长因子必须是 $[(3n+1)/2] \times [n/2]/n^2 \approx 3/4$。这个简单的统计论证表明，$T(n)$ 的数量以及考拉兹序列 $C(n)$ 的数量在经过大量计算后会减少。更重要的是，在自然数序列的这种跳跃变化中，每一个序列都会在某一点上遇到 2 的幂数，即 2、4、8、16、32、64……例如，在上面的例子中，$T(27)$ 的这个数是 8。一旦进入这种情况，就意味着很快就会得到数字 1。更详细的统计数据表明，如果正整数 n 非常大，那么一般来说 $T(n)$ 序列的值会先变大，在 $7.645 \times \ln(n)$ 次计算后达到其最大值，约为 n^2，直到总共 $21.55 \times \ln(n)$ 次计算后结束。因此，序列 $T(1\ 980\ 976\ 057\ 694\ 878\ 447)$ 在大约 400 次计算后增长到约 1037，在超过 900 次计算后才降到 1。然而，该序列也表明，一组确切的序列值可能会偏离统计数据。因为在这种情况下，该序列在大约 400 次计算后才达到最大值而非 322 次。正所谓有偏差才有纪录保持者。今天已知的持续时间最长的序列起始值为 $n = 7\ 219\ 136\ 416\ 377\ 236\ 271\ 195$。只有在经过 $1848 = 36.72 \times \ln(n)$ 次计算后，$T(n)$ 才会以数字 1 结束。但其实上述数学结论已经考虑到了这一偏差。因此，不应该有任何序列需要超过 $41.68 \times \ln(n)$ 次计算才能到达 1。

明显的证据

统计数据可能存在或大或小的偏差，这就是统计学的特点。但这些统计数字的有效性难道不是对考拉兹猜想的证明吗？不，统计论证不是证据。因为可能存在一个序列 $T(n)$，其奇数与偶数的比率大于 $1/(\frac{ln3}{ln2}-1)=1.7095\cdots\cdots$ 然后，事实证明，这个 $T(n)$ 会无限增长。实际上，任意正整数 n 均可以为任意正增长且有限考拉兹序列的起始值。但这一切并不能证明存在一个可以避免得到数字1的序列。同样，关于2的幂数有无数个，所以每个考拉兹序列都必须在某处得到这样的幂数，从而到达终点1的这种说法也站不住脚。因为还有无限多个奇数，这就是为什么尽管有无限多个偶数幂数，考拉兹数列却可以随意跳动而不落入幂数陷阱。

即使人们接受一个序列不会任意增大，但仍然存在这样的可能性，即一个序列在某一时刻随机遇到一个之前出现过的数字，那么这个序列将是循环的，从而推翻了考拉兹猜想。事实上，考拉兹猜想没有无限增加和循环的情况，而只是说：终点永远都是1。这就够了。

直到20世纪70年代中期，数学家们才仔细研究了考拉兹猜想，但尚未证明该猜想。汉堡大学的格哈德·奥普费尔（Gerhard Opfer）教授在2011年发表的最新论文也是相同的结果。在该论文的预印本中，他自己纠正了他原来的论证观点，他说："……考拉兹猜想是否正确，我们无法确定，至少是暂时无法确定。"这意味着他正试图消除他的证据链中的一个严重错误，但至今没有成功。

考拉兹问题的痛点

到目前为止，考拉兹问题被当成是一个平平无奇的问题而被搁置一旁。事实上，这可能是一个更根本性问题的关键所在。1972 年，名叫约翰·何顿·康威（John H. Conway）的数学家就能够证明存在一个广义的考拉兹序列，其中 $n/2$ 和 $(3n+1)/2$ 可以被 n/k 和 $(3n+1)/k$ 所替换。这等同于图灵机上的算法，也意味着这两个问题的数学恒等性。反过来，我们知道，算法是否有终点的问题（算法终止条件），在一般情况下是无法被证明的。因此，很可能不仅这个特殊的广义考拉兹序列的结果是无法被证明的，而且狭义的考拉兹猜想也是无法被证明的。这只是一个关于不可判定问题的简单例子。另一个同样简单，但也无法证明的问题就是哥德巴赫猜想，即任何大于 2 的偶数都可以写成两个素数之和。

事实上，可能存在根本无法证明的数学问题——库尔特·哥德尔（Kurt Gödel，1906—1978）对第一个不完备性定理的描述，也正因此，他被载入了数学史册——这对20世纪30年代的数学来说是一记重击。让所有数学问题都得以证明，是当时希尔伯特计划的伟大梦想。尽管数学是如此伟大且逻辑严密，但这也是其致命的弱点。今天我们已经知道，这将是永远存在的致命弱点。

作者简介

乌尔里希·沃尔特
物理学家、科研宇航员、大学教授、名誉教授、
计算机科学教授、理学博士、名誉博士

乌尔里希·沃尔特，1954年生，德国精英大学——慕尼黑工业大学空间技术系教授。

沃尔特先生在科隆大学取得物理学相关学位后，又在芝加哥的美国阿贡国家实验室工作了一年，随后在加州大学伯克利分校做了一年博士后，于1987年被任命为德国航天队成员，并分别在科隆波尔茨的德国宇航中心（Deutsches Zentrum für Luft-und Raumf ahrt，简称DLR）和休斯敦的美国国家航空航天局航天中心接受培训，一直到1993年4月26日至5月6日期间执行D-2号航天飞机任务。

　　1994 年，沃尔特先生到位于慕尼黑附近奥伯法芬霍芬的 DLR 德国遥感数据中心，担任大型项目"德国卫星数据档案"的项目负责人。1998 年，沃尔特先生加入位于德国伯布林根的 IBM[①] 开发实验室，担任项目经理和首席顾问，并负责 IBM 软件产品的开发和咨询。

　　自 2003 年 3 月起，沃尔特先生担任慕尼黑工业大学空间技术系主任，从事应用空间技术和系统工程领域的教学和研究工作。同时他还从事系统工程的研究和教学，作为该领域的一名资深项目经理，沃尔特先生为世界各地的公司提供咨询，特别是在质量和风险管理领域。

　　沃尔特先生著有 7 本书，其中包括讲述他执行航天飞行任务的插图书《90 分钟环游地球》，以及《明镜》周刊非小说类畅销书《疯狂的物理世界》《黑洞中的魔鬼》《穿越地狱》等。此外，沃尔特先生不仅在国际期刊上发表了 100 多篇学术论文，更是航天报道评论员。2013 年至 2016 年，他在 *N24.de*［现在的德国《世界报》（*Welt.de*）］上撰写每周专栏。1998 年至 2003 年，他在巴伐利亚电视台主持科学节目 *MaxQ*，2011 年至 2012 年主持《跟乌尔里希·沃

---

① IBM：国际商业机器公司或万国商业机器公司（International Business Machines Corporation），经营范围涵盖信息技术和业务解决方案。——译者注

尔特一起漫步宇宙》（*Unterwegs durchs All mit Ulrich Walter*）以及国家地理频道的各种特别节目。2013 年，沃尔特先生在 ServusTV 主持节目《哈勃的宇宙探秘之旅》（*Hubble Mission Universum*）。自 2016 年 9 月起，在德国世界频道晚间节目中主持系列科普纪录片《时空》（*Spacetimes*）。

　　除此之外，乌尔里希·沃尔特先生还是：

中国西安市西北工业大学客座教授

德国联邦十字勋章获得者

沃纳·冯·布劳恩金奖获得者

巴伐利亚勋章获得者

巴伐利亚伦理委员会成员

德国福伊希特赫尔曼 – 奥伯斯博物院院长

德意志博物馆管理委员会成员

德国路德维希堡乌尔里希 – 沃尔特同名学校赞助商

MINTa 行动计划宣传大使

　　2008 年，沃尔特在德国全国范围内当选工程学和计算机科学类教授。

---

①　MINT 一词是数学（Mathematik）、计算机科学（Informatik）、自然科学（Naturwissenschaften）以及技术（Technik）四大专业方向的德语词缩写，相当于英语系国家的 "STEM" 学科，对应我国 "理工类" 学科。德国 "MINT 行动计划" 旨在夯实德国理工科类人才培养基础，持续改善德国社会 MINT 专业人才短缺问题。——译者注

出 品 人：许 永
出版统筹：林园林
责任编辑：吴福顺
助理编辑：于晨洋
装帧设计：石 英
内文制作：张晓琳
印制总监：蒋 波
发行总监：田峰峥

发　　行：北京创美汇品图书有限公司
发行热线：010-59799930
投稿信箱：cmsdbj@163.com

创美工厂
官方微博

创美工厂
微信公众号

小美读书会
公众号

小美读书会
读者群